Duanqie Xuanwuyan Xianwei Zengqiang

短切玄武岩纤维增强

Shuini Hunningtu Lumian Jishu

水泥混凝土路面技术

丁永盛　编著

人民交通出版社股份有限公司
China Communications Press Co.,Ltd.

内容提要

本书主要针对京昆高速公路石家庄段水泥混凝土路面进行研究。全书共分9章，从短切纤维增强水泥混凝土作用机理分析、玄武岩纤维增强水泥砂浆性能试验研究、玄武岩纤维增强水泥混凝土配合比设计方法研究、玄武岩纤维水泥混凝土路用性能研究、玄武岩纤维混凝土路面板受力分析、玄武岩纤维水泥混凝土韧性评价方法与指标、玄武岩纤维水泥混凝土路面施工与经济性分析诸方面展开了研究和总结，对掺加玄武岩纤维的水泥混凝土路面的设计、施工有一定帮助和启发。

本书可供水泥混凝土路面施工、养护人员参考使用，也可作为公路技术人员认知学习用书。

图书在版编目（CIP）数据

短切玄武岩纤维增强水泥混凝土路面技术 / 丁永盛编著. —北京：人民交通出版社股份有限公司，2016.6

ISBN 978-7-114-13095-3

Ⅰ.①短… Ⅱ.①丁… Ⅲ.①玄武岩—纤维增强混凝土—水泥混凝土路面—研究 Ⅳ.①U416.216

中国版本图书馆CIP数据核字(2016)第131817号

书　　名： 短切玄武岩纤维增强水泥混凝土路面技术
著 作 者： 丁永盛
责任编辑： 刘　倩　张　洁
出版发行： 人民交通出版社股份有限公司
地　　址： (100011)北京市朝阳区安定门外外馆斜街3号
网　　址： http://www.ccpress.com.cn
销售电话： (010)59757973
总 经 销： 人民交通出版社股份有限公司发行部
经　　销： 各地新华书店
印　　刷： 北京中石油彩色印刷有限责任公司
开　　本： 880×1230　1/32
印　　张： 4.875
字　　数： 123千
版　　次： 2016年6月　第1版
印　　次： 2016年6月　第1次印刷
书　　号： ISBN 978-7-114-13095-3
定　　价： 25.00元

前言

PREFACE

20世纪80年代以来,随着国民经济的快速增长,我国的交通运输事业,特别是高等级公路建设取得了突飞猛进的发展,高速公路正处在空前的高速增长时期。目前,我国高速公路重载、超载现象普遍,而重载和超载交通是造成路面早期破坏的一个重要因素。

水泥混凝土路面是我国高等级路面的结构形式之一,由于其刚度大、稳定性好,被广泛应用在国省干线公路。尤其是在基层耐冲刷性不够、强度不足、软土路基、高填方、挖填交接段等有可能产生不均匀沉降的地段,以及桥面板等需要具有良好防水性能的部分,一般均采用钢筋水泥混凝土作为长大板及不规则板的主要材料。

钢筋混凝土路面是在普通混凝土路面施工的基础上发展起来的。当地基有不均匀沉降等情况发生时,混凝土面板有可能出现断裂裂缝,钢筋混凝土路面就是利用路面混凝土内的纵横向钢筋把面板拉在一起,使面板依靠钢筋及集料的嵌锁作用具有结构强度,达到增强面板强度、防止面板裂纹张开、保护面板结构不被破坏的目的。

水泥混凝土路面及桥面中采用钢筋作为加筋材料,在强度和裂缝控制等方面效果良好,但面临两方面的问题:首先,钢筋需焊接,这会加大工程工作量,可能对工期造成一定影响;其次,钢筋易锈蚀,会导致路(桥)面整体性下降。现有高速公路中因沥青桥面铺装渗水导致的桥面板钢筋锈蚀现象已屡见不鲜,因此,采用新型的加筋材料取代钢筋是大势所趋。

玄武岩纤维是一种新型材料，具有密度低、非磁性、电绝缘、强度高、热膨胀系数与水泥混凝土相近、极高的耐化学腐蚀性、耐酸、耐碱、耐盐等性能。因此，采用玄武岩纤维代替钢筋作为水泥混凝土路(桥)面的加筋材料从理论及性能上是可行的。

本书主要针对京昆高速公路石家庄段水泥混凝土路面进行研究。全书共分 9 章，从短切纤维增强水泥混凝土作用机理分析、玄武岩纤维增强水泥砂浆性能试验研究、玄武岩纤维增强水泥混凝土配合比设计方法研究、玄武岩纤维水泥混凝土路用性能研究、玄武岩纤维混凝土路面板受力分析、玄武岩纤维水泥混凝土韧性评价方法与指标、玄武岩纤维水泥混凝土路面施工与经济性分析诸方面展开了研究和总结，对掺加玄武岩纤维的水泥混凝土路面的设计、施工有一定帮助和启发。

本书在编写过程中得到河北交通职业技术学院田平教授、马彦芹教授、张庆宇教授，东南大学顾兴宇教授，交通运输部公路科学研究院常行宪副院长，人民交通出版社卢仲贤主任、丁润铎副主任，以及京昆高速公路京石管理处教授级高级工程师籍建云先生等业界同仁的大力帮助，在此一并感谢。

由于作者水平所限，本书难免存在一些缺陷和不正之处，恳请各位读者批评指正。

作者

2016 年 5 月

目录

CONTENTS

1　绪论 …… 1

1.1　引言 …… 1

1.2　国内外纤维混凝土的研究应用现状 …… 3

1.3　玄武岩纤维混凝土的研究现状 …… 6

1.4　本书研究的主要内容 …… 8

2　短切纤维增强水泥混凝土作用机理分析 …… 10

2.1　柔性纤维增强理论体系 …… 10

2.2　基于路用性能的柔性纤维作用机理 …… 15

2.3　本章小结 …… 21

3　玄武岩纤维增强水泥砂浆性能试验研究 …… 22

3.1　原材料与试件制作 …… 22

3.2　试验内容与结果分析 …… 25

3.3　玄武岩纤维增强水泥砂浆机理分析 …… 35

3.4　主要结论 …… 38

4　玄武岩纤维增强水泥混凝土配合比设计方法研究 …… 39

4.1　玄武岩纤维增强水泥混凝土配合比设计思考 …… 39

4.2　主要参数对混凝土性能的影响分析 …… 41

4.3　玄武岩纤维水泥混凝土性能评价试验 …… 48

4.4　玄武岩纤维混凝土配合比设计流程与调整措施 …… 53

4.5　本章小结 …… 59

5　玄武岩纤维水泥混凝土路用性能研究 …… 61

5.1　玄武岩纤维水泥混凝土路用性能指标 …… 61

5.2　玄武岩纤维增强水泥混凝土试验方案 …… 62

5.3　纤维水泥混凝土性能试验 …… 64

5.4 本章小结 …… 76
6 玄武岩纤维混凝土路面板受力分析 …… 77
6.1 刚性路面板有限元模型的建立 …… 77
6.2 刚性路面受力有限元分析 …… 85
6.3 全厚水泥稳定碎石基层敏感性分析 …… 92
6.4 玄武岩纤维增强水泥混凝土路面受力浅析 …… 96
6.5 本章小结 …… 97
7 玄武岩纤维水泥混凝土韧性评价方法与指标 …… 99
7.1 水泥混凝土韧性与韧性指标概述 …… 99
7.2 水泥胶砂韧性评价试验设计 …… 99
7.3 水泥胶砂准静态弯曲韧性评价 …… 101
7.4 水泥胶砂弯曲韧性评价 …… 107
7.5 水泥胶砂疲劳韧性评价方法 …… 109
7.6 本章小结 …… 123
8 玄武岩纤维水泥混凝土路面施工与经济性分析 …… 124
8.1 项目概况 …… 124
8.2 施工配合比 …… 124
8.3 玄武岩纤维混凝土的施工 …… 126
8.4 玄武岩纤维水泥混凝土经济性分析 …… 134
8.5 本章小结 …… 141
9 结论与展望 …… 142
9.1 研究结论 …… 142
9.2 展望 …… 144
参考文献 …… 145

1 绪　论

1.1 引言

水泥混凝土与砂浆是现代建筑结构、刚性路面浇筑不可或缺的重要工程材料。水泥混凝土抗压强度高、成本低廉、原材料丰富，但自身也存在一些不足，如易收缩开裂、抗拉抗折强度低、韧性差、脆性破坏、抗冲击性能低等。随着人们生活水平质量的不断提高，农业、工业与服务性行业的蓬勃发展，对结构物的使用性、安全性及服务寿命等方面提出了更高的要求。对于供行人行走、车辆行驶乃至飞行器起降的道路路面，随着交通荷载的重载超载化，水泥混凝土也面临着高强度、韧性好、耐久等迫切要求。各种新型高性能、高技术水泥混凝土应运而生。钢筋混凝土、预应力混凝土、自应力混凝土、纤维增强混凝土与聚合物混凝土等遵循复合化技术路线的材料逐渐进入人们的视线，体现了材料工作者的卓越智慧和创造思维。

作为高性能混凝土 HPC(High Performance Concrete)，纤维增强混凝土在结构工程、道路工程中的应用越来越广泛。纤维增强混凝土是以水泥净浆、砂浆或混凝土作基材，以非连续的短纤维或连续的长纤维作增强材料组成的水泥基复合材料，是 20 世纪以来发展迅速的新型水泥基复合材料，以其优良的抗拉抗折强度，阻裂限缩能力，耐冲击及优良的抗渗、抗冻性能而成功地应用于军事、水利、建筑、机场、公路等领域。目前，纤维增强混凝土已成为研究较多，应用较广的水泥基复合材料之一。

用于纤维混凝土复合材料的纤维，其阻裂、增强和增韧作用主要取决于纤维本身的力学性能、纤维与基体的黏性性能以及纤维的数量和在基体中的分布情况。纤维根据其弹性模量的大小分两大类，纤维弹性模量小于基体弹性模量的有纤维素纤维、聚丙烯纤维、聚丙烯腈纤维等；纤维弹性模量高于基体弹性模量的有石棉纤维、玻璃纤维、钢纤维、碳纤维、芳纶纤维等。连续玄武岩纤维是近几年来应用较多的新纤维。连续玄武岩纤维(Continuous Basalt Fibre，简称 CBF 或 BF)是一种无机纤维材料。它是用纯天然火山岩为原料，经 1450 ~ 1500℃ 的高温熔融后快速拉丝而成的连续纤维，其外观为金褐色。相关文献研究表明，玄武岩纤维具有一系列优越的性能，如：

(1)原材料的天然性。由于生产 CBF 的原料取自于天然的火山岩喷出岩，除了它与生俱来的很高的化学稳定性和热稳定性外，其中并没有对人类健康有害的成分。

(2)性能的综合性。玄武岩纤维是名副其实的"多功能纤维"，既耐酸又耐碱，既耐低温又耐高温，既绝热电绝缘又隔声，拉伸强度超过大丝束碳纤维，断裂延伸率比小丝束的碳纤维还要好。CBF 表面极性，与树脂复合时，界面结合的浸润性极佳，而且 CBF 具有三维的分子维数，与分子维数一维的线性聚合物纤维相比，具有较高的抗压缩强度、剪切强度和在恶劣环境中使用的适应性、抗老化性等优异的综合性能。

(3)成本的可比性。水泥混凝土用的玄武岩纤维价格并不高，是聚丙烯纤维等有单键力的替代产品。

(4)天然的相容性。玄武岩纤维是典型的硅酸盐纤维，其与水泥混凝土和砂浆混合时很容易分散，新拌玄武岩纤维混凝土的体积稳定、和易性好、耐久性好，具有优越的耐温性、防渗抗裂性和抗冲击性。

因此，玄武岩纤维增强混凝土可以用在房屋、桥梁、高速公路、高铁、城市高架、机场跑道、海港码头、地铁隧道、沿海防护工程、核电站设施、军事设施等水泥混凝土建筑领域，起到加固补强、防渗抗裂、延长建筑使用寿命等作用。

1.2 国内外纤维混凝土的研究应用现状

1.2.1 国外研究现状

强度一直是水泥混凝土的一项主要性能指标，主导着水泥混凝土设计、施工的质量控制。然而，水泥混凝土的固有弱点是随其强度的不断提高，其韧性变差，脆性增大易产生裂缝，随着裂缝的扩展性，性能逐渐降低，致使寿命缩短。

此外，随着使用者对构筑物寿命的长期性、稳定性的要求，混凝土的耐久性受到越来越广泛的重视。混凝土的耐久性是指混凝土在使用过程中，在内部或外部的、人为或自然因素作用下，混凝土保持自身工作能力的一种性能，或者说，结构在设计使用年限内抵抗外界环境或内部本身所产生的侵蚀破坏作用的能力。从 20 世纪 60 年代开始，混凝土结构的耐久性问题成为许多国际学术机构或国际学术会议讨论的重要课题之一。国际材料与结构试验学会（RILEM）于 1960 年专门成立了“混凝土中钢筋锈蚀”技术委员会（CRC），该委员会历时 5 年，总结了当时各国在钢筋锈蚀方面的成果，并提出了今后的研究方向和建议。在取得一系列的研究成果后，各国或地区开始颁布相应的规范规程。1992 年欧洲混凝土委员会颁布了《耐久性混凝土结构设计指南》，同期美国 AC2101 委员会编制了“耐久性混凝土指南”，日本于 1986 年开始陆续颁发了“建筑物耐久性系列规程”，英国在混凝土结构规范（BS8110）及标准施工规范（CP110）中对耐久性均有明确的规定。

在混凝土基材中掺加各类纤维，将抑制混凝土早期塑性收缩裂缝的产生，并限制外力作用下裂缝的扩展，对混凝土随强度增长而抗拉、抗弯、抗冲击和韧性变差的现象也起到了极大的改善作用，有利于混凝土结构的耐高温、防爆裂性能。同时，对混凝土抗渗、防水和抗冻等耐久性能也有极大的促进作用。目前，混凝土增强纤维品种主要包括刚性（钢）纤维和柔性纤维两大类。

钢纤维混凝土是在素混凝土基体中掺入乱向、不连续短钢纤维组成的复合材料。钢纤维混凝土优良的抗拉、抗弯、抗疲劳、抗冲击以及耐磨耗、韧性高等性能受到国内外工程界的重视。自20世纪60年代中期以来,钢纤维混凝土的理论和实践都发展很快,在公路路面、机场道面、抗震抗爆结构、压力管道和其他薄壁预制构件中开始进行实用性的工程试验,并取得了部分成果。

美国于20世纪70年代修建了不少试验工程,以观察钢纤维混凝土路面的实际使用情况。如爱荷华州于1972年修建了55m的试验路;密歇根州于1972年修筑了四车道全宽、长334m的钢纤维混凝土试验路;内华达州于1973年修筑了4830m的钢纤维混凝土罩面试验路。关于机场道面方面的试验,最早的试验工程是由美国陆军工程兵团在1972年修建奥利佛坦博国际机场时进行的,在54m长的滑行道试验段上采用了厚度为10cm与15cm两种罩面层。此外,美国在许多桥梁行车道的修复工程中成功地采用了钢纤维混凝土罩面层。从工程实用角度来看,钢纤维混凝土路面还处于应用研究阶段,研究工作者正致力于改进施工工艺、降低造价、提高混凝土的使用品质和表面平整度等方面的研究。

关于合成纤维混凝土的工程应用首先开始于英国。早在30年前,英国在西部海岸工程中就把剁碎的聚丙烯纤维掺到混凝土块体中,并用这些块体砌成防浪堤。此后,将聚丙烯纤维作为混凝土掺和料已逐步在世界上60多个国家得到应用,其最大优点是纤维的掺入能够显著地减轻混凝土的塑性龟裂。20世纪80年代中期,美国军队工程师兵团为了解决其军用工事的混凝土结构在炮弹、炸弹的轰击下不易碎裂的问题,研制和开发了聚丙烯纤维网混凝土。1985年,美国在宾夕法尼亚州322号高速公路上曾做了1.5km的对比试验:在旧路的外侧车道铺63mm的普通水泥混凝土面层,内侧加铺同厚度同强度等级的聚丙烯纤维混凝土面层。1年后检查,普通混凝土路面层出现龟裂和严重断裂,而聚丙烯纤维网的路面则是无任何龟裂产生;6年后再次检查,普通混凝土路面明显断裂并磨损严重,而含纤维网的混凝土路面却仍然良好。墨西哥城从 1989 年起就要求,市区和郊区的重要公路都采用聚丙烯纤维网混凝土路面,厚度为 125 ~ 200mm,取消任何的加强钢筋。1990 年,印度尼西亚雅加达对新开的 6 条高速公路全部采用聚丙烯纤维网混凝土结构,铺设厚度为 270 ~ 300mm。

近 10 年来,英、日、德、美等国已大量采用纤维混凝土修筑路面及机场道面,以满足重载大交通的要求。美国韦氏公司(Webster Engineering and Associates, Inc.)通过试验认为,每一立方的水泥混凝土加入 700g 聚丙烯纤维网,可增加其应变能力(Strain Capacity)而不会有明显的裂缝出现。美国陆军工程兵团曾设计了一套"混凝土抗磨测试试验"(CRD-C52-54)来评估纤维添加后的水泥混凝土磨损情况,得出的结论为:"根据此测试验方法所得到的数据,利用纤维网可增加抗磨能力达 105%,在类似的磨损情况下,添加纤维网可延长混凝土的使用寿命达到一倍左右。"挪威的公路试验室利用水泥胎做同样的试验证明,在相同的条件下,添加纤维网(测试样品 C75)可增加 52% 的抗磨能力,并减少材料损失 34.4%。

1.2.2 国内研究现状

在混凝土的耐久性方面,我国对混凝土耐久性的研究主要开始于 20 世纪 60 年代南京水利科学研究院对钢筋锈蚀的研究;较大规模的研究在 20 世纪 80 年代,中国土木工程学会于 1982 年、1983 年连续召开了两次全国性的耐久性会议,在钢筋混凝土结构 1989 规范编制期间对国外的研究成果进行了系统的总结与归纳;较系统的研究是在 20 世纪 90 年代,1991 年全国成立了混凝土结构耐久性学组。我国近年来对此方面的研究也越来越重视。

在纤维混凝土研究方面,我国于 20 世纪 70 年代后期开始从事有关钢纤维混凝土方面的研究,在基本性能与增强理论研究方面都取得了重要进展。先后编制了《钢纤维混凝土结构设计和施工规范》(CECS38:92)、《钢纤维混凝土试验方法》(CECS13:98)、《钢纤维混凝土试验方法标准》等技术文件,为钢纤维混凝土在我国土木工程中的应用起到了引导性作用。

我国在纤维混凝土路面技术的研究仍然处于起步阶段。1996年,山东济青高速公路一桥面混凝土曾出现严重的碎裂,用纤维水泥混凝土修复,10d后恢复使用,效果良好,据此决定用纤维混凝土对济青高速公路全线桥面混凝土进行加固。在广州市环城高速公路建设中,第一期路段采用普通混凝土,路面产生了塑性龟裂和裂缝;第二期采用钢纤维混凝土路面,龟裂减轻,但锈蚀严重,并且对汽车轮胎造成严重的磨损;第三期在占三分之二里程的路段采用了聚丙烯纤维混凝土,使用情况良好。

1.3 玄武岩纤维混凝土的研究现状

作为一种新型纤维,玄武岩纤维由于其优良的物理、力学性能,自问世以来,就有学者致力于玄武岩复合材料方面的研究,而将玄武岩纤维应用于混凝土方面起步较晚,但现在已经成为研究的热点。

在国外,玄武岩纤维是由苏联国防部下令开发的。从20世纪60年代开始,经过近30年的努力,在苏联解体前终于开发出了连续玄武岩纤维。玄武岩纤维首先被应用于国防军工。1975年7月17日,与苏联"联盟-19"号宇宙飞船第一次完成对接的美国"阿波罗"号宇宙飞船的结构材料上,就应用了苏联生产的玄武岩纤维。苏联的解体,客观上影响了玄武岩纤维的推广应用,但是,由于玄武岩纤维具有有别于碳纤维、芳纶、超高分子量聚乙烯纤维的一系列优异性能,而且性价比好,近几年来引起了美国、欧盟等国防军工领域的高度重视。2003年,美国军方甚至收购了其国内一个创办不久的CBF(连续玄武岩纤维)生产工厂,现在这个工厂的产品100%用于国防军工,其玄武岩纤维的具体应用至今对外秘而不宣,因此,国外有关玄武岩纤维的研究报道比较少。

2005年,Dias D P、Thaumamrgo C等研究了玄武岩纤维混凝

土的断裂韧性，并对普通硅酸盐水泥玄武岩纤维混凝土的力学性能做了研究。试验结果表明：玄武岩纤维掺量为0.1%（体积率）时，BFRC的抗压强度和劈拉强度分别下降26.4%和12%，而弯拉强度增加了45.8%；且由梁（150mm×150mm×550mm）的极限荷载试验可知，玄武岩的掺入延长了梁的破坏时间。此外，Zielinski等测试了玄武岩纤维增强水泥砂浆28d的物理、力学性能，并给出了纤维的最佳掺量。

近年来，我国关于BFRC的研究取得了一定的成果。2002年，东南大学胡显奇等对玄武岩纤维增强混凝土的性能进行了研究，试验结果表明：掺加玄武岩纤维28d龄期的抗压强度比不掺纤维提高12.2%～14.8%；从混凝土28d抗拉强度试验结果来看，掺玄武岩纤维比不掺纤维混凝土的28d抗拉强度结果有所提高，掺玄武岩纤维混凝土提高12%～20%；掺玄武岩纤维28d的抗冲磨强度提高44.7%～47.5%，28d的冲击韧性提高61.8%～70.2%。

2006年，廉杰等对乱向短切玄武岩纤维增强混凝土的性能进行了试验研究，并对试验结果进行了分析，得到以下结论：混凝土的增强效果与短切纤维体积掺量、长径比的范围有很大关系；短切纤维体积掺量对混凝土强度的影响要较长径比变化的影响显著；变换长径比时，直径的影响较为显著；寻求一个最优的体积掺量范围和长径比范围以达到最优的增强效果是可行的；短切纤维增强后，14d强度可达28d强度的80%甚至90%以上。由此，短切纤维增强对提高混凝土早期强度具有积极意义。

沈刘军等研究了玄武岩纤维体积掺量对混凝土抗压强度、劈裂抗拉强度的影响。研究结果表明：掺加玄武岩纤维对混凝土的静态抗压强度、劈裂抗拉强度的影响不明显。

2008年，空军工程大学李为民等研究了不同纤维体积掺量的玄武岩纤维混凝土在不同应变率下的冲击压缩力学性能，并对试验的有效性进行了分析。结果表明：玄武岩纤维混凝土的动态强度增长因子与平均应变率的对数近似呈线性关系，强度与变形能力随平均应变率的提高而线性增加,体现了很强的应变率相关性;纤维体积掺量为0.1%的玄武岩纤维混凝土较素混凝土的动态抗压强度提高了26%,变形能力提高了14%;纤维体积掺量分别为0.2%、0.3%的玄武岩纤维混凝土的动态抗压强度比素混凝土高出25%左右,而变形能力较素混凝土无明显优势。同时研究还表明:在冲击载荷下,均匀分布的玄武岩纤维与碳纤维能够在混凝土内部形成致密的纤维网状结构,限制了混凝土内部微裂纹的产生和发展,对混凝土的冲击力学性能具有一定的改善效果。

此外,江朝华等研究了不同掺量的玄武岩纤维对水泥砂浆抗压、抗折、抗弯性能的影响,并采用扫描电子显微镜观察纤维在砂浆中的分布状态。结果表明:玄武岩纤维对水泥浆体早期具有显著的增强作用,但降低了水泥砂浆的28d强度;玄武岩纤维对砂浆的抗弯破坏荷载改善不显著,但明显增大了相同荷载下试件的挠度。

1.4 本书研究的主要内容

多雨、寒冻等恶劣气候,重交通、重载等不利条件,对刚性路面产生了巨大的破坏作用,大大缩短了正常服务功能下的道路寿命。强度和耐久性是工程结构设计的两个重要方面,对于脆性材料的刚性路面结构来说,不仅要具有足够的强度,更应重视耐久性和安全可靠性,才能抵御不利环境下对路面材料的损害,以提高材料的安全和延长寿命。

随着新型高性能材料向道路工程的延伸,路面结构高承载力化、路面服务功能高质量化、路面使用寿命持久化是大势所趋,现行的道路设计规范也应随着这种变化作相应的调整。作为新一代高性能纤维,玄武岩纤维在路面工程领域中适用性尚未得以论证。本书在现有研究成果的基础上对玄武岩纤维混凝土的主要路用性能指标进行了较为全面的研究,也为玄武岩纤维混凝土的设计提供参照,主要工作包括以下几个方面:

1)柔性纤维增强水泥混凝土的机理分析

通过调研国内外柔性纤维增强水泥混凝土的研究成果,了解国内外纤维增强水泥混凝土的理论进展,为玄武岩纤维增强混凝土项目的开展奠定基础。

2)玄武岩纤维增强水泥砂浆的性能研究

以砂浆抗裂、干缩、抗折、抗压强度为试验内容,研究玄武岩纤维砂浆与空白砂浆(基准)、聚丙烯纤维砂浆的性能差异,初探玄武岩纤维增强效果,分析研究纤维掺量、长径比对增强效果的影响规律,分析纤维对水泥基体材料的增强机理,并以此预测纤维的较优长径比及合适体积掺量。

3)玄武岩纤维水泥混凝土配合比设计与性能研究

以纤维砂浆试验为参考,进行玄武岩纤维混凝土配合比初拟验证。在所拟定的混凝土配合比下,与素混凝土(基准)、聚丙烯纤维混凝土进行主要路用性能指标的试验研究,探讨高性能玄武岩纤维对混凝土材料的增强机理,论证玄武岩纤维在路面工程领域中的适用性与有效性。

4)试验路玄武岩纤维增强水泥混凝土的施工技术研究

调查了解纤维混凝土成功应用的工程实例,对其材料备用、施工方法等进行分析,结合试验路施工现状,研究商品玄武岩纤维混凝土制作与运输工艺,探讨柔性玄武岩纤维增强水泥混凝土路面施工技术。

5)玄武岩纤维水泥混凝土路面受力分析与结构设计

以性能试验研究为基础,现行水泥混凝土路面设计规范为依据,通过运用有限元技术,对玄武岩纤维水泥混凝土路面的受力进行分析,对应用玄武岩纤维增强水泥混凝土路面的结构设计,尤其是厚度设计,提出合理建议。

6)玄武岩纤维水泥混凝土韧性指标探讨

分析评价当前刚性路面使用功能和服务寿命的主要指标的合理性与不足,根据纤维增强机理与性能指标试验结果,研究探讨玄武岩纤维水泥混凝土路用性能指标,并与路面结构设计建立联系。

2 短切纤维增强水泥混凝土作用机理分析

目前常用于工程结构的纤维主要有两大类,即刚性纤维和柔性纤维。刚性纤维以钢纤维为代表;柔性纤维的品种繁多,主要有碳纤维、聚丙烯纤维、聚丙烯腈纤维、纤维素纤维等。玄武岩纤维也属于柔性纤维的范畴。鉴于本书研究内容主要针对玄武岩纤维增强水泥混凝土的性能开展,因此,有必要对柔性纤维增强水泥混凝土的增强机理进行阐述和分析。

2.1 柔性纤维增强理论体系

短切纤维增强材料中纤维长几毫米到几十毫米,纤维是不连续的,所以,在短切纤维复合材料中,荷载的传递过程比连续纤维复合材料复杂得多。一般而言,短纤维增强复合材料在荷载传递中,基体所起的作用明显增大,在纤维两端往往出现钱币状的裂纹,以及纤维排列的不均匀和不规则所引起的问题等,导致短纤维增强复合材料在强度、刚度等方面,远不如同类长纤维增强复合材料在纤维方向的性能。在垂直于纤维方向受拉时,由于应力集中,在拉应变和拉应力较大的那部分界面上,可能产生脱粘和开裂。由于剪应力的作用,界面也可能产生脱粘和开裂。综上所述,短纤维增强复合材料很难达到很高的强度和刚度,但由于施工方便,故应用较多。本书采用玄武岩纤维作为增强材料,将其杂乱而又均匀地分散在混凝土中,利用的是短纤维的优异力学性能及其良好的分散性等性能,使得复合后的材料具有良好的力学性能。

短切纤维增强方式,按纤维的排列情况可分为:

(1)单向短纤维增强复合材料:短切纤维平行地排列,沿纤维方向看,可近似认为是横向同性的。

(2)面内短切纤维杂乱增强复合材料:短切纤维在平面内杂乱分布,因此是面内各向同性的,从垂直于平面的方向看,是准横向同性的。

(3)空间短切纤维杂乱增强复合材料:短切纤维在复合材料所占有的空间中杂乱分布,因此是准各向同性的。

目前,纤维混凝土增强机理主要有建立在复合材料混合法则基础上的复合材料理论和建立在假设纤维与基体之间完全黏结基础上的纤维间距理论。

2.1.1 复合材料理论

将纤维作为增强材料,应用复合材料混合法则推导纤维混凝土的应力、弹性模量,并考虑纤维混凝土的力学性能与纤维的掺量、取向、长径比和纤维与基体黏结力之间的关系。

在工程中,最常用的是将单一短纤维杂乱地分散在基体材料中,其短纤维分布不是沿荷载方向单向排列的,而是乱向、随机、均匀分布在基体中,其增强效果没有单向纤维好。当纤维与受荷方向一致时,效果最好;垂直时,则失去增强作用。所以,对于乱向分布的短纤维复合材料,其增强作用与纤维同荷载作用方向的夹角 θ 有关。纤维增强的有效长度 $\eta_0 l$ 为纤维的方向系数,$l\cos\theta$ 为纤维沿荷载方向的投影长度。

复合材料的混合法则是指复合材料性能与体积含量呈线性关系。对于乱向分布单一短纤维复合材料仍然适用,但能起增强作用的纤维有效长度及有效体积率为 $\eta_0 l$ 和 $\eta_0 V_f$,而基体不变。根据复合材料的叠加原理可知,乱向分布单一短纤维复合材料的应力和弹性模量计算公式为:

$$\left.\begin{aligned}\sigma_c &= \eta_0 \eta_l \sigma_f V_f + \sigma_m V_m \\ E_c &= \eta_0 \eta_l E_f V_f + E_m V_m\end{aligned}\right\} \tag{2-1}$$

式中：σ_c、E_c——纤维复合材料的应力、弹性模量；

σ_f、E_f——纤维的应力、弹性模量；

σ_m、E_m——基体的应力、弹性模量；

V_f、V_m——纤维、基体的体积率。

$$\eta_l = 1 - \frac{\tan\left(\frac{\beta l}{2}\right)}{\frac{\beta l}{2}} \tag{2-2}$$

$$\beta = \sqrt{\frac{2G_m}{E_f r^2 \ln\left(\frac{R}{r}\right)}} \tag{2-3}$$

式中：l——纤维的长度；

R、r——基体、纤维的等效半径；

G_m——基体的弹性剪切模量。

由上述公式可以看出：

（1）当纤维的有效长度小于临界长度时，无论外部作用有多大，纤维都达不到拉伸强度就已拔出。

（2）若纤维的有效长度大于临界长度，当基体应力达到其极限拉应力时，纤维的应力为 σ_f''，此时，复合材料的强度为：

$$\sigma_{cn} = \eta_0 \eta_l \sigma_f'' V_f + \sigma_m'' V_m \tag{2-4}$$

（3）当纤维的体积率较小时，基体一经开裂，纤维马上被拉断，复合材料的强度可按式（2-4）计算。当纤维体积率较大时，基体断面开裂转移给纤维的荷载不能使纤维拉断，通过黏结力的传递使基体出现多缝开裂。荷载全部由纤维承担，此时复合的强度为：

$$\sigma_{cn} = \eta_0 \eta_l \sigma_f'' V_f \tag{2-5}$$

2.1.2 纤维间距理论

纤维间距理论又称纤维阻裂理论，1963 年由 J. E Romualdi 和 B. Batson 提出。该理论建立在线弹性断裂力学理论的基础上，解释纤维对裂缝发生和发展的约束作用,认为混凝土内部有尺寸不同的微裂缝、孔隙和缺陷,在施加外力时,孔、缝部位产生较大的应力集中,引起裂缝的扩展,最终导致混凝土破坏。因此,欲增强混凝土的抗拉强度,必须尽可能地减小内部缺陷的尺寸,降低裂缝尖端的应力强度因子、减缓裂缝尖端的应力集中作用。

在裂缝处用纤维连接,受拉时跨越裂缝的纤维将荷载传递给裂缝的上下表面,使裂缝处材料仍能继续承载。随着桥接裂缝纤维数目的增多,纤维间距越小,缓和裂缝尖端应力集中程度越大,对裂缝尖端产生的反向应力场也越大,当纤维数量增加到密布于裂缝时,应力集中就会消失。这表明纤维的阻裂效应表现在复合材料结构形成和受力破坏的过程中,有效地提高了复合材料受力前后阻止裂缝引发与扩展的能力,达到纤维对混凝土增强的目的。

根据纤维间距理论,混凝土中裂缝发展受到纤维阻挡而偏离了原方向,由于纤维的乱向分布,裂缝开展路途也将是曲折的,这样就提高了开裂所需能量,增大了混凝土强度。如果设拉应力引起的内部裂缝端部应力强度因子为 K_0,与裂缝端部相邻近的纤维与混凝土间的黏结应力产生的起约束作用的反向场的应力强度因子为 K_f,则总的应力强度因子 K 就将减小,即:

$$K = K_0 - K_f < K_0 \tag{2-6}$$

单位面积内的纤维数越多,即纤维间距越小,强度提高的效果越好。对此结论,Romualdi 和 Mandel 进行了试验验证,结果表明二者相符合较好,并证实对混凝土初裂强度具有明显改善作用的有效纤维间距在 0.5in 以下,并且得出纤维混凝土的抗拉强度和纤维平均间距 S 的平方根的倒数成正比,即:

$$R = \frac{K_{1c}}{Y\sqrt{a}} = \frac{0.84K_{1c}}{Y\sqrt{S}} = \frac{K}{\sqrt{S}} \tag{2-7}$$

式中:R——复合材料和基体的抗拉强度之比;

a——裂缝半宽;

Y——与裂缝形状有关的常数；

S——定向长纤维平均间距；

K_{1c}——纤维混凝土临界应力强度因子；

K——与 K_{1c}、Y 有关的常数。

2.1.3 刚性纤维与柔性纤维增强机理的联系与区别

刚性纤维与柔性纤维作为两大类已经成功应用于工程结构的纤维，两者在增强机理上既有相似性，又存在着一些区别。首先，无论是刚性纤维还是柔性纤维，由复合材料理论，提高纤维弹性模量、纤维体积率对纤维混凝土强度的提升都是有帮助的；而从纤维间距理论来看，纤维的主要作用体现在对基体的阻裂作用，并降低裂缝尖端的应力集中，纤维间距对复合材料的强度影响较大。纤维对基体的增强作用毋庸置疑，但提升的幅度各有说法。从目前的试验研究来看，混凝土抗拉、抗剪、抗弯和抗裂性能有所提高，对断裂韧性和抗冲击性能的提升幅度较大，可从数倍达数十倍。

但两者增强机理上所存在一些区别，从自身的特点中可寻找到答案：

(1)刚性纤维与柔性纤维形态上差异的影响。由于材性和生产工艺的不同，刚性纤维可加工成各种形状，长度一般在 10^{-2}m 级，有片状、螺旋状、长钉状、细丝状等；而柔性纤维则以细长型为主，长度一般在 10^{-2}m 级，直径一般在 $10^{-5}\sim10^{-6}$m 级。从纤维直径的数量级可看出，刚性纤维与细集料在同一级，而柔性纤维与水泥微颗粒在同一级，在分散情况良好的前提下，柔性纤维对混凝土的影响作用主要在胶凝材料的微观层面上，而刚性纤维主要在砂浆的层面上。

(2)刚性纤维、柔性纤维与基体界面的作用。刚性纤维因其可加工成固定形状，工程上常将刚性纤维制作成弯曲状或螺旋状等，另外一种做法是将纤维端末异型加工(如弯起、哑铃形等)，目的在于增强纤维与基体的咬合作用，使纤维体系承担荷载的比例增加,最大限度发挥纤维的优势。所以,刚性纤维与基体之间的相互作用除依靠化学黏附力和摩擦力外,主要由上述机械咬合作用提供支持,而柔性纤维主要通过界面的化学黏附力和摩擦力发挥作用。

(3)在长度方向上,刚性纤维不仅能参与受拉分载,还能参与受压分载;而柔性纤维只能参与受拉分载。一般来说,刚性纤维的弹性模量高混凝土一个数量级,其纤维混凝土的抗压强度会提高较多,而柔性纤维对基体抗压强度的贡献甚小。

(4)纤维混凝土中刚性纤维体积率可达2%以上,而柔性纤维体积率通常在1%以下。从复合材料理论可知,刚性纤维的增强效果可能更突出,而柔性纤维虽体积率小,但由于单丝体积小,纤维数目庞大,分散于混凝土体各个部分,由纤维间距理论可知,柔性纤维的阻裂作用十分可观。

从以上的分析可知,刚性纤维的主要作用在于复合材料强度的提高,而柔性纤维的主要作用在于基体的阻裂方面。为了发挥各自的作用,刚性纤维应更注重与基体的机械锚固作用,柔性纤维应更注重其分散情况。

2.2 基于路用性能的柔性纤维作用机理

2.2.1 混凝土材料损伤机理

混凝土是一种高度不均匀的多相复合材料。胶凝材料、集料、水及外加剂按适当的比例拌和成形后,材料受到内部应力和外部应力的共同作用:内部应力是指混凝土的泌水作用、干燥收缩、水化热,以及外部环境条件(如温湿度、化学腐蚀等)使材料内部组织产生变化而伸缩,因结构约束而产生应力;外部应力主要指施加的动、静荷载产生的应力。它们是混凝土结构损伤断裂发展直至破坏的主要驱动力。

混凝土是多相的,从破坏的角度出发,一般可将混凝土结构分为三级:第一级,即混凝土,将砂浆视为基相,集料视为分散相;第二级,即砂浆,将水泥视为基相,砂视为分散相;第三级,即硬化水泥浆,将硬化水泥浆胶体视为基相,将未水化的水泥颗粒及孔隙视为分散相。基相、分散相及它们相连的界面决定了混凝土材料的力学性能。由于各级组成结构的量级尺寸不同,在同样应力状态下,集料和砂浆的结合面必先发生裂纹扩展,其次是砂和水泥浆的结合面开裂,最后裂纹进入硬化水泥浆。这一过程决定了混凝土材料的破坏必然是一个较长的结构变化过程。

混凝土材料从损伤到破坏可分为下列几个过程:

(1)集料和砂浆之间的界面上的微裂纹作为“脱粘”裂缝开始扩展。

(2)较高的荷载水平下,界面上的微裂纹开始分叉向砂浆区域扩展。

(3)砂浆中的微裂纹垂直于主应变方向发展,在砂浆中连接孔隙,形成新的裂缝。

(4)不同类型的裂缝之间相互贯穿,引起材料破坏,而集料起着“阻裂”的作用。

2.2.2 柔性纤维作用机理

基于混凝土材料损伤机理,简而言之,破坏是从结构内部的微观裂缝逐渐扩展形成的,柔性纤维对混凝土的作用正好在该数量级内,发挥自身的优势,与混凝土材料形成互补,提高了混凝土材料的综合性能。

目前应用于路面工程结构的柔性纤维材料主要有聚丙烯纤维、聚乙烯醇纤维、玄武岩纤维、碳纤维、芳纶纤维等,它们性能各异,混凝土增强效果也有优劣之分。而在混凝土材料设计师最为关注的强度与耐久性两个方面,玄武岩纤维都发挥着重要作用。

从宏观角度来说,玄武岩纤维改善混凝土质量,降低离析、泌水等负面影响,保证混凝土和易性,且玄武岩纤维三维空间体系有效辅助支持混凝土集料的骨架结构；从微观层面来说，玄武岩纤维起到了桥联加筋的作用，参与材料构件的承载，尤其在混凝土结构内部的微观裂缝处的纤维，依靠纤维两端与基体的黏结作用限制裂缝的发展，降低裂缝尖端应力集中程度，使混凝土体受力更均匀化、更具整体性。此外，玄武岩纤维细化混凝土内部孔隙，并隔断连通孔隙，对混凝土的耐久性也卓有功效。

玄武岩纤维增强机理与混凝土的受力特性、环境因素和自身状况息息相关，结合道路工程水泥混凝土路面材料的主要路用性能，进一步说明玄武岩纤维对混凝土性能的改善作用机理。

1）阻裂、抗裂

玄武岩纤维掺入到混凝土的拌和初期，三维乱向均匀分布的纤维在新拌砂浆内构成一种网状承托体系，有效减少混凝土的内分层、泌水、空腔的产生，同时减少了集料沉降裂缝；当混凝土浇筑完成后，其内部的水分不断蒸发，造成不均匀的体积收缩。这时，混凝土尚未硬化产生足够的强度以抵抗这一收缩应力，该应力可导致混凝土微观开裂，但此时数以万计的纤维对砂浆各部分形成“桥联”作用，可分散抵消混凝土中部分收缩应力，从而抑制微裂缝的产生；硬化过程中，由于纤维分散分布于混凝土中，即便裂缝形成，其尖端产生应力集中，但当其尖端发展到与纤维相交时，必然遭到纤维的阻挡，纤维能够承担基体开裂转移给它的应力，即纤维抵消部分的应力，使其难以进一步地发展，阻断裂缝扩展，从而避免微裂缝发展为有害裂缝。

2）限制干缩

水泥胶凝材料加集料后形成的复合材料，由于硬化前在表面及内部失水收缩引起拉应力，因而产生不可恢复的干缩开裂。这是由于砂浆表面水的蒸发速率超过内部水渗透到表面的速率，以及砂浆的早期抗拉强度达不到砂浆收缩所产生的应力所造成的。加入纤维后，可使得砂浆表面失水面有所减少，水分迁移困难，毛细管失水收缩形成的毛细张力有所降低，从而限制了砂浆硬化过程中的早期收缩作用。

3)提高基体强度

混凝土的强度指标主要有抗压、抗拉、抗弯拉、抗剪强度等,路面结构设计则以28d抗弯拉强度为设计指标。混凝土是高强脆性非均质材料,除宏观缺陷如裂纹、夹渣、气泡、孔穴、偏析等外,其破坏主要来源于随机分布的微观裂缝,并在一定程度上控制着混凝土的宏观强度。受力增长至极限强度的过程中,其从萌生、扩展、贯通,进而发展为宏观裂纹,最终导致混凝土失稳破坏。在混凝土中掺入一定量的纤维,因微裂缝前端与纤维相交,当微裂缝的长度大于纤维间距时,纤维将跨越微裂缝起到传递荷载的桥接作用,使混凝土内的应力场更加连续和均匀,微裂缝尖端的应力集中得以钝化,微裂缝的进一步扩展受到约束,拉应力得以削弱;当微裂缝的长度小于纤维间距时,纤维将迫使其改变方向或跨越纤维生成更微细的裂缝场,显著增大了微裂缝扩展的能量消耗。因此,混凝土发生破坏需要更大的外荷载。此外,纤维可以有效抑制混凝土早期干缩裂缝及离析裂缝的产生和发展,尤其是阻碍了连通裂缝的产生;均匀分布的纤维单丝起到了承托集料的作用,降低混凝土表面的析水和集料的离析,从而使混凝土的孔隙率大大降低,混凝土的密实度得以改善,因而能有效提高混凝土的强度。

4)抗冲击作用

纤维的承载主要依据与基体之间的黏结强度,黏结强度大于极限抗拉强度时,纤维可以充分保持混凝土的整体性,在一定强度的冲击荷载下,纤维可以持续承受冲击而不断裂,吸收大量冲击能量。在冲击荷载的作用下,混凝土微裂缝不断扩展,柔性纤维大量分布于混凝土中,有效约束其进一步发展,并将部分外荷载能量转化为自身的弹性势能,大幅提升混凝土的抗冲击性能。

5)抗渗

大量散布的短纤维,显著降低连通孔隙的存在,细化大孔隙的分布,阻断水流渗透路径,水分迁移困难,从而提高了混凝土的抗渗性能。

6)抗冻融破坏

混凝土的冻害一般认为是静水压力和渗透压力共同造成的。前者解释为结冰体积膨胀,未结冰的孔溶液受压从结冰区向混凝土体内迁移,孔溶液在可渗透的水泥浆体中移动,必须克服黏滞阻力,形成水的压力梯度,因而产生静水压,对混凝土产生破坏;后者解释为饱水混凝土内部的毛细孔隙水结冰,但胶凝孔中的水并不结冰,处于过冷状态。过冷水的蒸汽压是高于冰的蒸汽压的,所以胶凝孔中的过冷水就会向毛细孔中冰的界面处发生渗透。过冷水的移动同样要克服黏滞阻力,于是在毛细孔中又产生一种渗透压力,对混凝土产生破坏作用。纤维的掺入改善了混凝土的内在品质,减少了内部缺陷数量,降低了原生裂隙尺度,增加了混凝土冻融损伤过程中的能量损耗,有效地抑制了混凝土的冻胀开裂;纤维混凝土含气量比普通混凝土有所提高,缓解了低温循环过程中的静水压力和渗透压力。所以,纤维有益于混凝土低温环境下的强度增长和抗冻融耐久性的提高。

7)耐疲劳

纤维提高混凝土抗疲劳性能的机理类似于纤维增强机理,降低了混凝土微裂纹的数量与尺度,缓解了尖端应力集中;参与荷载承载,特别是混凝土受外荷载或温、湿度梯度应力时裂缝扩展,纤维提供了"桥接"作用,限制其进一步的发展。疲劳破坏的荷载一般低于混凝土的极限荷载,疲劳循环作用的过程其实也是混凝土微裂隙逐步扩展的过程,纤维更能充分发挥其对裂缝的限制作用。在疲劳荷载较低水平作用下,纤维能凭借其高模量承受一定的荷载作用,使混凝土内部应力分布更加均匀化,并在卸载后帮助微裂缝实现"自愈过程",保持混凝土的整体工作状态,显著提高混凝土的疲劳寿命。

除上述几项与道面的路用功能紧密联系的性能外,纤维对混凝土的其他性能,如断裂韧性、抗冲刷性,耐磨耗性等均有不同程度的提高。尽管由于体积率较低的原因,其强度的提升作用并不很突出,但纤维对混凝土材料的强度及耐久性指标都有有益的效果。

2.2.3 纤维的主要参数对混凝土增强效果的作用机理

纤维种类不同,各项性能指标也存在着差异。随着材料科学的不断发展,纤维朝着性能高、各项性能综合、质量稳定等方向不断更新产品,出现了之前所提到的各种纤维。纤维的力学指标有模量、强度(抗拉)、极限延伸率等,其他指标包括密度、刚度、长径比等。从纤维的增强机理来,影响纤维效能发挥的主要参数为模量、长径比和强度,而前两者的影响又是最为显著的。因为混凝土为脆性材料,在低应变及低黏结强度条件下,纤维未拉断而被拔出,混凝土发生破坏,纤维的高强度未能发挥。

1)模量

模量是指纤维发生单位形变时所承受的力的大小,单位为Pa。从柔性纤维的增强机理可知,发挥作用的纤维位于微观裂纹的两端,起到了"桥接"加筋的作用,在纤维—基体界面黏结完好的情况下(即未发生滑移),纤维承受着裂纹扩展所需的应力,以限制其向宏观裂缝发展。纤维的模量越高,微观裂纹扩展所需的应力也就越大,从这个意义上来说,纤维对裂纹的限制作用也就越强,裂纹宽度愈小,裂纹尖端的应力集中水平愈低。显然,模量高对混凝土的纤维阻裂、抗裂是极有帮助的。

2)长径比

理论上,长径比越高,纤维的增强效果会越强,因为纤维间距减小,同时比表面积增大,与基体界面的黏结更强。但是,长径比过大,纤维易断且易缠绕,影响施工,反而因为"局部结团"现象致使混凝土的增强效果大打折扣。一般说来,纤维的合适长径比是由纤维自身的形态、刚度、表面特性等决定的,存在一个合理的范围使得混凝土增强效果达到最佳。另有力学分析研究表明,纤维长径比对复合材料的力学性能存在一定影响,尤其是塑性形变能力。

3)其他参数

密度会影响纤维与竖向分布;极限延伸率在纤维—基体界面

黏结强度大于纤维抗拉强度时,才有发挥作用的意义;自身的强度主要包括抗拉强度及抗剪切强度。目前的纤维制作工艺及混凝土施工工艺并不能保证高水平的黏结强度,纤维的高抗拉能力是发挥不了作用的,而抗剪切强度主要保证掺入混凝土进行拌和时不发生脆断,一般该种情况不容易发生,故上述几种参数指标对纤维增强效果较模量与长径比的影响小。

2.3 本章小结

本章对从宏、微观层面上阐述了纤维对混凝土基体的作用机制与影响规律:

(1)列举复合材料与纤维间距经典理论,分析了纤维增强机理与参数。

(2)比较了刚性纤维与柔性纤维的增强机理,刚性纤维的主要作用在于增强,而柔性纤维主要在阻裂方面发挥效用。

(3)分析了柔性纤维与水泥基体的相互作用机制,并分析了纤维影响增强作用的主要力学、物理参数,包括模量、长径比等。

3 玄武岩纤维增强水泥砂浆性能试验研究

砂浆是指胶凝材料、水、砂和外加剂的混合物,也属于广义上的混凝土,与常见混凝土主要的区别就在于少了粗集料,也可认为混凝土除去粗集料后便是砂浆。砂浆的性能很大程度上决定了混凝土的性能,粗集料起空间骨架作用,细集料起填充作用,胶凝材料起黏结固定作用。研究表明,砂浆的强度与混凝土强度存在相关关系,此外,大多性能指标(如抗渗、干缩)决定于混凝土的微观结构,这就表明探究纤维对砂浆性能的增强作用为纤维混凝土的研究奠定基础存在其合理性。抗裂性、干缩性和抗折、抗压强度是砂浆性能的主要指标,也是评价砂浆性能的主要因素。若掺入纤维后,砂浆在这几方面的性能均有提高,则能证实纤维的增强作用,为分析纤维增强机理提供依据。

3.1 原材料与试件制作

砂浆性能试验主要是依据《公路工程水泥及水泥混凝土试验规程》(JTG E30—2005)、美国混凝土学会 ACI-544 砂浆抗裂性能试验方法,对空白砂浆(基准)、聚丙烯纤维砂浆与玄武岩纤维砂浆进行对比。聚丙烯纤维已成功应用于国内外工程,且与玄武岩纤维同属柔性纤维,从机理上说具有可比性。通过上述对比试验研究,分析研究玄武岩纤维增强机理的特殊性。

3.1.1 原材料准备

1)玄武岩纤维

玄武岩纤维作为一种新兴的、颇具推广前景的高性能纤维,玄武岩纤维对混凝土性能的改善体现在各个方面,涉及强度和耐久性两个重要因素。玄武岩纤维同聚丙烯纤维、玻璃纤维等大多柔性纤维对混凝土最为显著的作用是限制混凝土的早期收缩裂缝。目前许多研究者关于玄武岩纤维混凝土性能的研究都表明玄武岩纤维的增强作用是与自身材料特性密不可分的,与其他柔性纤维相比,它具有优越的性能,表现在:

(1)原材料来自天然的火山岩,并具有与生俱来的化学稳定性和热稳定性,无有害健康成分,生产过程可实现绿色环保化。

(2)性能优越。玄武岩纤维的强度远远超过天然纤维和合成纤维,其拉伸强度为4000~4800MPa,弹性模量为90~110GPa,低于碳纤维(230~240GPa)而高于一般的高技术纤维。此外,玄武岩纤维的性能较为综合,如既耐酸又耐碱,既耐高温又耐低温,既绝热电绝缘又隔声,断裂延伸率比小丝束的碳纤维要好;玄武岩表面极性,与树脂复合时界面结合的浸润性极佳,而且玄武岩纤维具有三维的分子维数,与分子维数一维的线性聚合物纤维相比,具有较高的抗压缩强度、剪切强度和在恶劣环境中使用的适应性、抗老化性等。

本次试验采用浙江东阳石金玄武岩纤维有限公司产短切玄武岩纤维。

2)其他原材料

南京斯泰堡聚丙烯纤维;南京青龙牌P.O.42.5R水泥;河砂,细度模数3.2;5~25mm连续级配碎石;饮用自来水。

水泥材料和集料各项性能指标合格,玄武岩纤维和聚丙烯纤维的各项物理指标如表3-1所示。

纤维的性能指标 表3-1

纤维品种	密度(g/cm^3)	抗拉强度(MPa)	弹性模量(GPa)	纤维直径(μm)	纤维长度(mm)	断裂延伸率(%)
玄武岩纤维	2.7	4150~4800	93~110	17	12、18和24	3.1
聚丙烯纤维	0.91	275	3.8	50	19	15

3.1.2 砂浆配合比设计

参照美国混凝土学会 ACI-544 推荐砂浆配合比,水泥、砂、水的质量比为 1:1.5:0.5。聚丙烯纤维掺量及长径比以工程常用的为准,体积掺量为 0.9kg/m^3,长度、直径如表 3-1 所示;玄武岩纤维根据经验选择体积掺量为 0.10%、0.30% 和 0.60%,根据建议合适长径比优选三种长度,即表 3-1 中 12mm、18mm 和 24mm,直径由生产工艺选定。基准组配合比详见表 3-2。

基准砂浆配合比 表 3-2

组　分	水泥	砂	水
单位体积质量(kg/m^3)	706	1059	353

3.1.3 试件的制作与养护

1)试件的制作

空白砂浆按常规方法成形;纤维砂浆试件制作采用干拌法,即先加所有的干料拌和一定时间再加水拌和,以保证砂浆的质量,其制作流程如图 3-1 所示。

图 3-1 纤维砂浆制作流程

2)试件的养护

(1)砂浆的抗裂:材料制作完成后,直接注模,按照 ACI-544 规定的试验环境下(位于试模长边的风扇风速约为 5m/s,试模上方约 1.5m 处 1000W 碘钨灯,碘钨灯照 4h,风扇吹 24h)养护 1d。

(2)砂浆的干缩试验将试件置于干燥养护室(标准养护条件为温度 20℃ ±2℃,相对湿度为 60% ±5%)。

(3)砂浆的强度试验试件的标准养护条件为温度 20℃ ±2℃,相对湿度为 60% ~80%。

3.2 试验内容与结果分析

3.2.1 砂浆抗裂试验

所用设备及仪器:风扇、1000W 碘钨灯、裂缝观测仪(精度 0.01mm)、直尺(精度 1mm)。

根据美国混凝土学会 ACI-544 推荐方法进行测试,试件尺寸为 910mm×610mm×19mm,试模底部衬有两层聚乙烯薄膜。一组空白(基准)砂浆;一组聚丙烯纤维砂浆;三组玄武岩纤维砂浆(纤维长度 18mm,体积率分别为 0.10%、0.20%、0.30%)。

ACI-544 测试方法采用开裂指数来评定砂浆的开裂程度,按裂缝宽度将裂缝分为 4 级,并规定了相应的权值,如表 3-3 所示。开裂指数指每级宽度的裂缝长度乘以相应的权值,再相加起来的总和,它反映试样总的开裂程度。

裂缝宽度对应的权值 表 3-3

裂缝宽度 d(mm)	$d<0.1$	$0.1\leqslant d<0.5$	$0.5\leqslant d<1$	$1\leqslant d<2$
权值	0.25	0.5	1	2

依据美国混凝土学会 ACI-544 推荐的砂浆抗裂的评价方法,将各组砂浆抗裂试验结果列于表 3-4 和图 3-2。

砂浆抗裂试验结果 表 3-4

试件类型	各宽度范围对应的裂缝长度(mm)				开裂指数
	$d<0.1$	$0.1\leqslant d<0.5$	$0.5\leqslant d<1$	$1\leqslant d<2$	
基准	0	450	743	960	2888
0.10%聚丙烯纤维	110	620	680	0	1018
0.10%玄武岩纤维	90	50	1120	600	2368
0.20%玄武岩纤维	170	140	620	590	1913
0.30%玄武岩纤维	150	250	330	330	1153

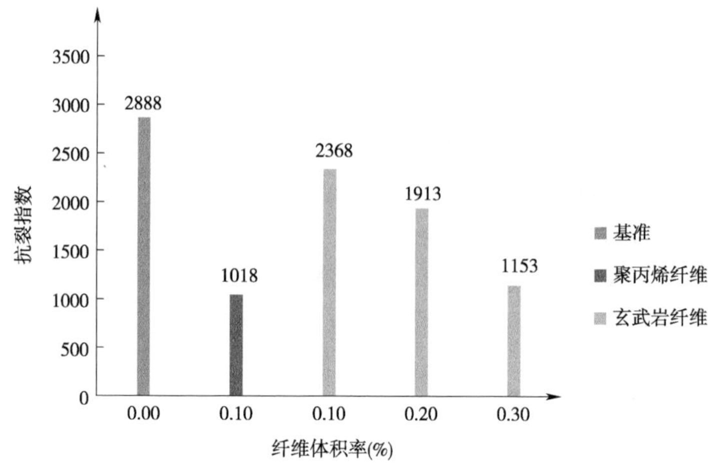

图 3-2　纤维品种、体积率对砂浆抗裂性能的影响

砂浆抗裂主要研究了各纤维低体积掺量对基体抗裂性能作用的比较。从图 3-2 中可看出：

(1)无论是掺入何种纤维，其开裂指数都比基准砂浆显著降低，并且加入体积率为 0.10% 聚丙烯纤维抗裂效果最为明显，开裂系数降低达 64.8%。

(2)玄武岩纤维增强砂浆的抗裂性能稍逊于聚丙烯纤维，其体积率达到 0.30% 后，与体积率为 0.10% 的聚丙烯纤维抗裂水平相当。结合室内试验情况分析，主要是由于纤维的比重决定的：玄武岩纤维比重和混凝土相当，且大于水泥砂浆，因此，其相对均匀分布在混凝土内部尤其是下部；而聚丙烯纤维比重远小于水泥砂浆，易积聚在砂浆顶面，因此对砂浆抗裂性能有显著影响。

(3)从不同体积率玄武岩纤维水泥砂浆的抗裂性能比较中可得出，纤维体积率越大，对应砂浆的抗裂性能越高，符合纤维间距理论的论断。

(4)结合试验现况图 3-3 和图 3-4，纤维的掺入能有效降低裂缝宽度及长度，纤维体积率越大，上述效果越明显。

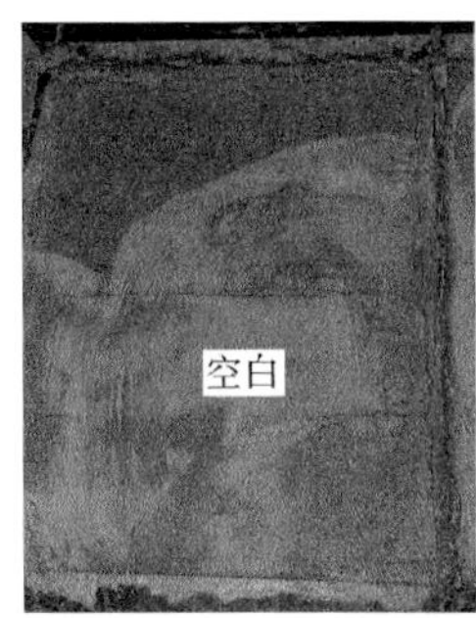

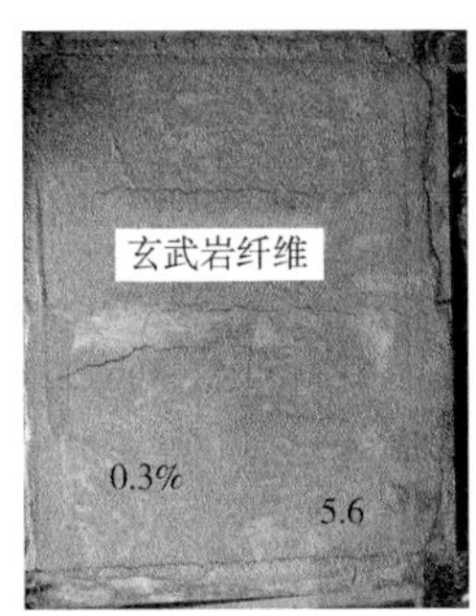

图 3-3　纤维砂浆抗裂对比试验

图 3-4　基准砂浆宽裂缝

3.2.2　砂浆干缩试验

参照《公路工程水泥及水泥混凝土试验规程》(JTG E30—2005)中说明的水泥胶砂材料干缩试验进行。所用设备及仪器有:钢珠、粘胶、150 ~ 175mm 千分尺(精度 0.001mm)。试件尺寸 40mm × 40mm × 160mm,每组 3 根试件,成形 1d 后,试件两端中心钻孔预埋钢珠测头,试件达 3d 龄期即从标准养护室移入恒湿室,测定基准长度和基准质量,从该日起算干缩龄期,测量 3d、7d、14d、28d 龄期的试件长度,如图 3-5 所示。

混凝土处于未饱和湿度空气中,由于水分散失而引起的体积收缩,简称干缩。干缩是一种体积效应,但在结构设计中,一般只考

虑长度方向的变量。所以,通常以干缩的线应变(简称干缩率)表征变形的大小。混凝土干缩的性能指标是干缩率,按下式计算:

$$S_t = \frac{L_0 - L_t}{L_0} \times 100\% \tag{3-1}$$

式中:S_t——龄期为 t 的干缩率;

L_0——试件基准长度(mm);

L_t——龄期为 t 的试件长度(mm)。

试验组别包括一组空白(基准)砂浆、一组聚丙烯纤维砂浆、九组玄武岩纤维砂浆,每组各三根试件。根据纤维参数对水泥砂浆性能的影响机理,并为后续混凝土相关试验提供参考,研究了玄武岩纤维体积掺量、长径比对砂浆干缩率的影响。玄武岩纤维的直径不变,均为 17μm,长度分别 12mm、18mm 和 24mm,体积掺量分别为 0.10%、0.30% 和 0.60%。

基准砂浆、聚丙烯纤维砂浆和玄武岩纤维砂浆干缩率的试验结果如表 3-5 和图 3-5 所示。

3d、7d、14d 及 28d 砂浆干缩率(单位:%)　　表 3-5

试件类型	纤维体积率	3d 干缩率	7d 干缩率	14d 干缩率	28d 干缩率	平均干缩率
基准	0.00	0.054	0.101	0.150	0.164	0.112
聚丙烯纤维	0.10	0.022	0.068	0.110	0.153	0.088
12mm 玄武岩纤维	0.10	0.041	0.077	0.113	0.128	0.090
	0.30	0.038	0.077	0.112	0.139	0.092
	0.60	0.023	0.065	0.095	0.142	0.081
18mm 玄武岩纤维	0.10	0.031	0.068	0.097	0.128	0.081
	0.30	0.025	0.079	0.097	0.131	0.083
	0.60	0.025	0.083	0.101	0.137	0.083
24mm 玄武岩纤维	0.10	0.031	0.068	0.110	0.130	0.085
	0.30	0.029	0.074	0.104	0.130	0.084
	0.60	0.023	0.072	0.095	0.135	0.081

由图 3-6 可看出，纤维对砂浆的收缩有明显的抑制作用，尤其是对砂浆早期收缩；各组砂浆初期收缩速率快，而后期趋于平缓，纤维能有效降低砂浆早期收缩速率；针对同一体积率的两种不同纤维来说，整体上收缩的抑制作用相当，但聚丙烯纤维侧重于早期收缩，这与抗裂试验结果相似；龄期进入 14d 以后，玄武岩纤维砂浆的收缩也趋于稳定，并显著低于聚丙烯纤维砂浆和空白砂浆，28d 干缩率比空白砂浆干缩率低 20% 左右，比聚丙烯纤维低 8% 左右。

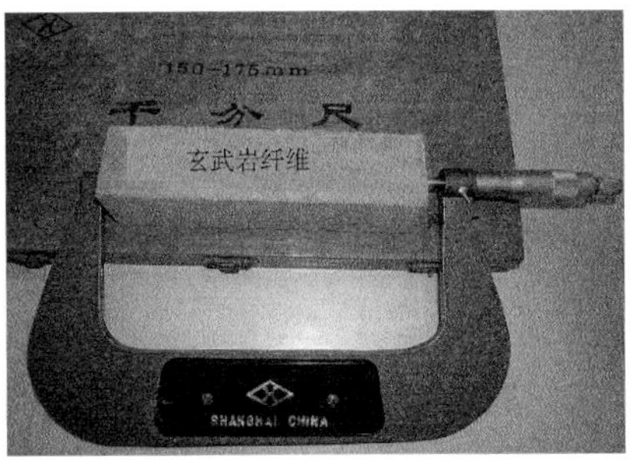

图 3-5 砂浆试件干缩长度的测量

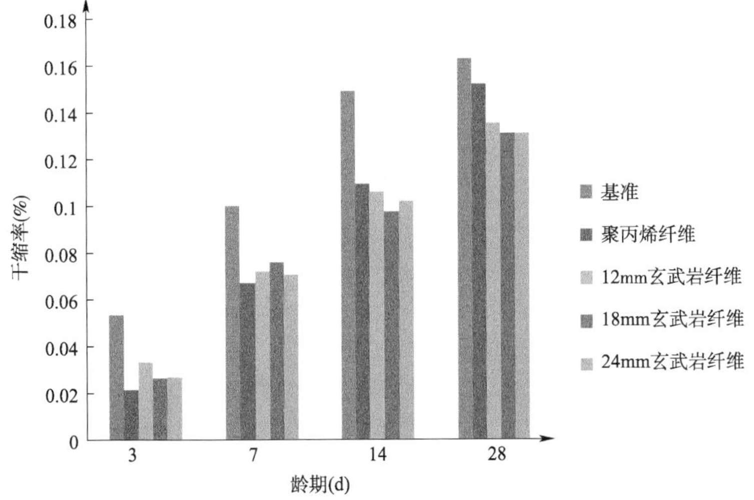

图 3-6 纤维品种对砂浆干缩性能的影响

图 3-7 和图 3-8 比较了玄武岩纤维长径比和掺量对砂浆干缩的影响。总体而言，18mm 长玄武岩纤维性能最好，掺量超过 0.10%，砂浆干缩率变化不大。

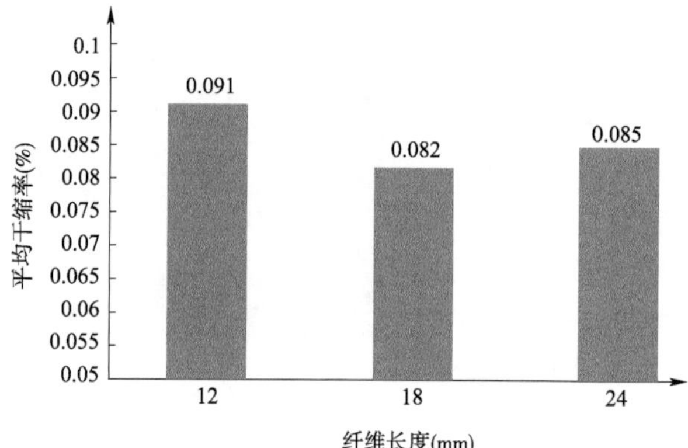

图 3-7　纤维长径比对砂浆干缩性能的影响

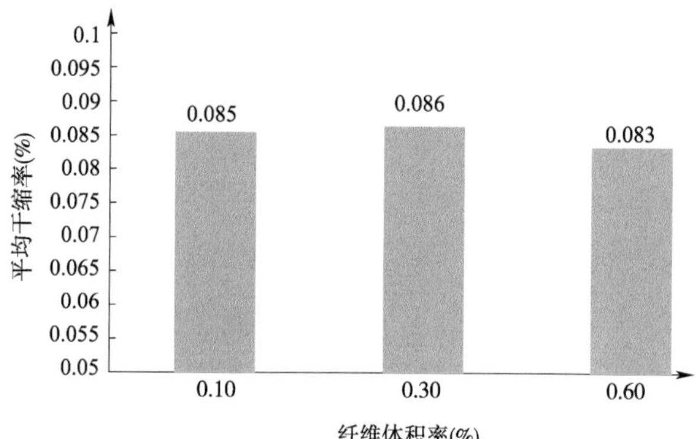

图 3-8　纤维体积率对砂浆干缩性能的影响

3.2.3　砂浆强度(抗折、抗压)试验

借鉴《公路工程水泥及水泥混凝土试验规程》(JTG E30—2005)水泥胶砂强度试验方法。所用设备及仪器包括 AEC-100 砂浆抗折、抗压强度自动试验机(精度 0.01MPa)。测试时,抗折试验加荷速度为 50N/s ± 10N/s,直至折断,并保持两个半截棱柱试件处于潮湿状态直至抗压试验。试件尺寸 40mm × 40mm × 160mm,每组 3 根试件。抗折强度按下式计算:

$$R_{\mathrm{f}} = \frac{1.5F_{\mathrm{f}}L}{b^3} \tag{3-2}$$

式中：R_f——抗折强度（MPa）；

F_f——破坏荷载（N）；

L——圆柱中心距（mm）；

b——试件断面正方形的边长，为40mm。

抗折强度结果取3个试件平均值，当3个强度值中有超过平均值±10%的，应剔除后再平均，以平均值作为抗折强度试验结果。

压力机加荷速度应控制在2400N/s±200N/s速率范围内，抗压强度按下式计算：

$$R_c = \frac{F_c}{A} \tag{3-3}$$

式中：R_c——抗压强度（MPa）；

F_c——破坏荷载（N）；

A——受压面积，$40\text{mm} \times 40\text{mm} = 1600\text{mm}^2$。

抗压强度结果为一组6个断块试件抗压强度的算术平均值，如果6个强度值中有一个值超过平均值±10%的，应剔除后以剩下的5个值的算术平均值作为最后结果。如果5个值中再有超过平均值±10%的，则此组试件无效。

由复合材料理论，掺入一定体积率的高模量纤维后，材料整体强度有所提高。为验证高模量玄武岩纤维的增强效果，进行砂浆的抗折、抗压强度的测试，并与空白砂浆（基准）、聚丙烯纤维砂浆进行对比。试验结果如图3-9～图3-13、表3-6、表3-7所示。

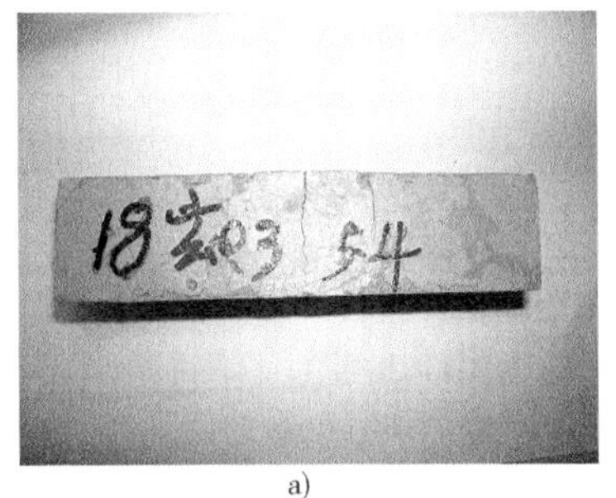

a)

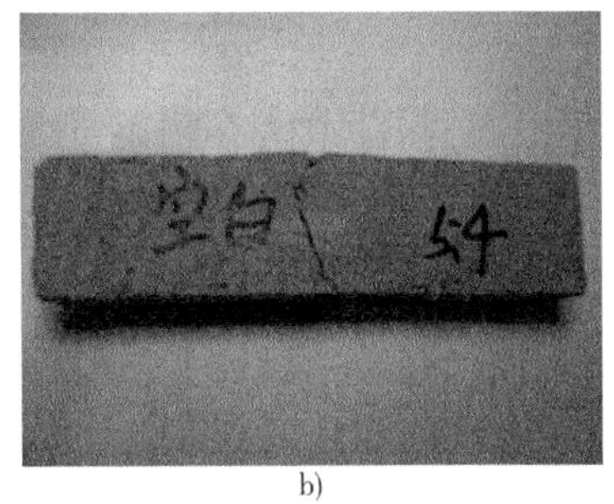

b)

图3-9　空白砂浆与纤维砂浆断裂的破坏形态

砂浆抗折强度测试结果　　　　表 3-6

试件类型	纤维体积率(%)	抗折强度(MPa)	
		3d	28d
基准	0.00	2.8	5.7
聚丙烯纤维	0.10	3.3	5.9
12mm 玄武岩纤维	0.10	3.9	6.2
	0.30	4.1	6.7
	0.60	4.7	7.0
18mm 玄武岩纤维	0.10	3.7	6.2
	0.30	4.2	6.8
	0.60	5.7	7.3
24mm 玄武岩纤维	0.10	3.3	6.5
	0.30	4.1	6.7
	0.60	4.9	6.7

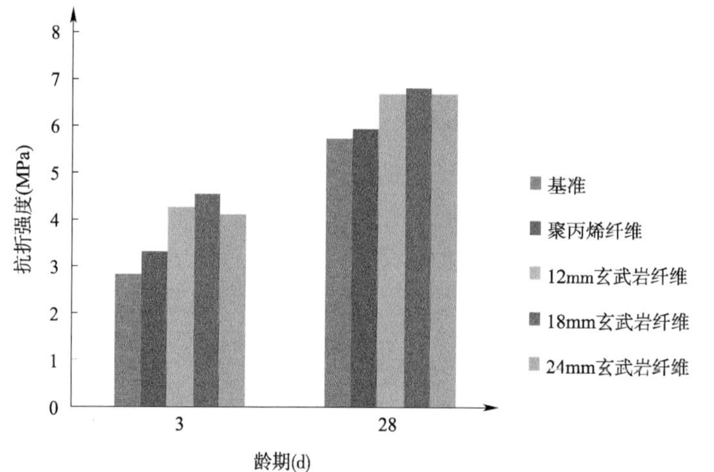

图 3-10　纤维品种对砂浆抗折强度的影响

从图 3-10 可以看出,无论掺入聚丙烯纤维还是玄武岩纤维,砂浆的 3d 与 28d 抗折强度都较空白砂浆有较大幅度的提高,3d 强度分别提高 17.8%、39.3%、32.1%和 17.8%,28d 强度分别提高 3.5%、8.8%、8.8% 和 14%。因此,纤维可大幅提高砂浆的强度尤其是早期强度。单从 0.10% 的纤维体积率来看,玄武岩纤维的整体提升水平要高于聚丙烯纤维。

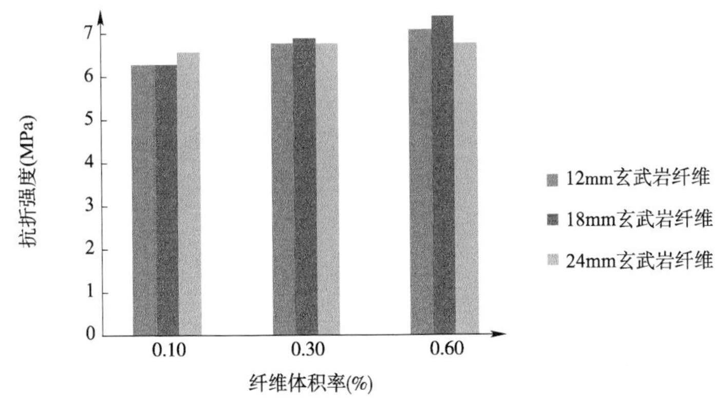

图 3-11　纤维参数对砂浆 3d、28d 抗折强度的影响

砂浆抗压强度结果　　表 3-7

试件类型	纤维体积率(%)	抗压强度(MPa)	
		3d	28d
基准	0.00	15.1	28.5
聚丙烯纤维	0.10	16.3	30.8
12mm 玄武岩纤维	0.10	17.1	30.8
	0.30	19.6	37.9
	0.60	17.8	36.4
18mm 玄武岩纤维	0.10	19.5	36
	0.30	18.3	30.9
	0.60	17.9	32.7
24mm 玄武岩纤维	0.10	18.5	32.8
	0.30	17.5	30
	0.60	19	29.9

由图 3-11 可知,对于同一种纤维,随着纤维体积率不断增加,砂浆强度增加,但强度增加的幅度低于体积率增加的幅度;长径

比对砂浆强度影响的规律较为复杂，总体来看，18mm 玄武岩纤维性能表现最佳，12mm 玄武岩纤维次之，24mm 玄武岩纤维最差；纤维体积率要比长径比对砂浆强度的影响大。

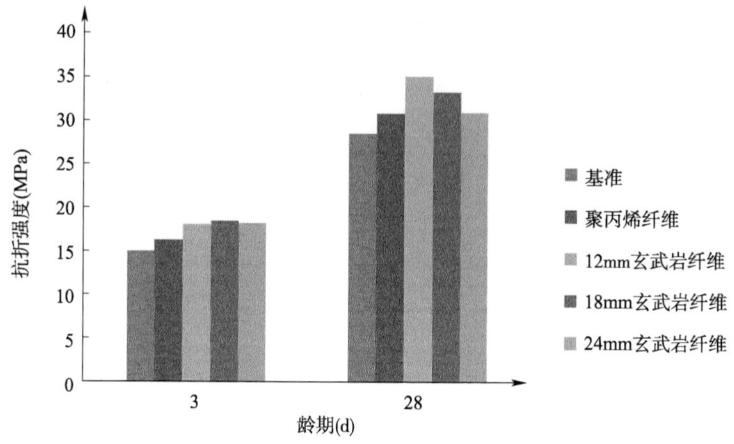

图 3-12　纤维品种对砂浆抗压强度的影响

从图 3-12 可以看出，无论掺入聚丙烯纤维还是玄武岩纤维，水泥砂浆的 3d 与 28d 抗压强度都较空白砂浆有较大幅度的提高，3d 强度分别提高 7.9%、20.5%、23.2% 和 21.2%，28d 强度分别提高 8.1%、22.8%、16.5% 和 8.4%。因此，纤维也可大幅提高砂浆的抗压强度尤其是早期强度，且玄武岩纤维的整体提升水平要优于聚丙烯纤维。

从纤维参数（掺量与长径比）对砂浆抗压强度的测试结果（图 3-13）来看，无一致性的影响规律，尤其在砂浆硬化早期，纤维的影响错综复杂，但后期复合砂浆的强度主要表现为随纤维长径比、体积率增大有一定程度下降。

通过纤维增强水泥砂浆的抗压和抗折强度试验，可以认为柔性纤维是不参与受压分载的，故不适用于纤维间距理论。纤维增强水泥砂浆的作用表现为改善受拉区及受剪区的受力状况，最大限度地保持水泥石结构的整体性。

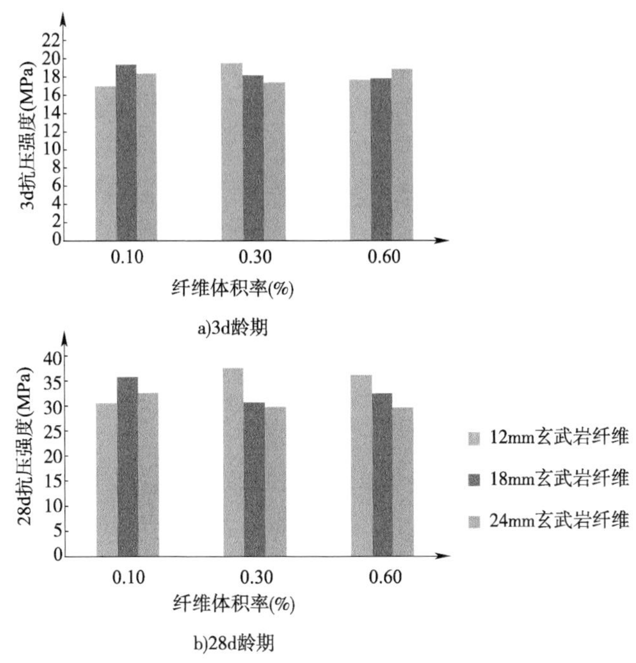

图 3-13 纤维参数对砂浆 3d、28d 抗折强度的影响

3.3 玄武岩纤维增强水泥砂浆机理分析

3.3.1 玄武岩纤维作为柔性纤维的一般增强机理

由以上抗裂试验、干缩试验和强度试验的各项结果可知,玄武岩纤维对水泥砂浆的增强作用是与普通柔性纤维存在共性的。首先,玄武岩纤维的抗裂效果显著;其次,纤维掺入后对基体强度也有一定的帮助,尤其是对抗折强度的提高要优于抗压强度。水泥砂浆或混凝土成形阶段,玄武岩纤维掺入水泥基体后,改善了混凝土结构的分布状况,降低了细集料的离析,使水泥—细集料体系更加稳固,并显著降低混凝土的泌水;水泥砂浆或混凝土成形后,水泥进入快速水化反应阶段,纤维的微观体系逐渐形成,尽

管该阶段由于水分的大量蒸发以及水化反应等直接或间接引起混凝土的收缩,微观裂缝形成并逐步扩展,但玄武岩纤维与水泥界面的黏结渐渐增强,纤维开始承受拉应力,并且裂缝两端的纤维开始形成桥接,抑制裂缝的进一步扩展,因此改变了裂缝周围的受力情况,在裂缝尖端应力集中程度显著下降;在水泥砂浆或者混凝土受力乃至破坏阶段,玄武岩纤维能传递拉应力使得混凝土的受力更加趋整体化,也有利于砂浆或者混凝土的受力。

3.3.2 玄武岩纤维增强水泥砂浆机理的特殊性

玄武岩纤维由于自身性质与聚丙烯纤维存在着的不同,在增强机理方面也表现了其特殊性,总结如下:

(1)由抗裂试验结果可知,相同体积率下,玄武岩纤维的抗裂效果不如聚丙烯纤维,这种现象可以从塑性裂缝的形成过程来解释。

塑性裂缝主要是指尚未终凝(5 ~6h)之前,混凝土的弹性模量和抗拉强度较低,此时混凝土表面水分的蒸发引起的收缩及混凝土的约束造成混凝土表面原生微裂缝扩展成为宏观裂缝。混凝土浇筑后,由于泌水的原因,会在其内部形成很多毛细泌水通道,混凝土表面水分的蒸发速度大于泌水上升到表面的速率时,混凝土失水将由表及里向深处发展,毛细孔内水的弯液面的曲率也将随之逐渐增大,引起水泥砂浆或混凝土的表面收缩。当这种收缩作用受到来自基层、钢筋、模板等约束条件的限制时,表面将处于受拉状态。

这种塑性裂缝是在混凝土强度未形成或者较低的情况下造成的,纤维与混凝土基体之间的黏结强度,远远不及混凝土硬化后的强度,所以纤维抗裂主要体现在自身的保水作用上,从而延缓混凝土表面水分的蒸发速率。正是由于混凝土失水是一个由表及里的过程,纤维也是从混凝土表面到其内部逐渐发挥其作用的,所以大部分聚集在混凝土上部的聚丙烯纤维(比重不及砂浆的1/2,比水还小)充分展现了其保水抗裂性能,而玄武岩纤维由于其比重大(比砂浆大20%),有下沉的趋势,在砂浆中分散性较好,只有达到相当的体积率才能与和聚丙烯纤维的抗裂性能相当。

需要说明的是,混凝土塑性裂缝完全可以通过一定的措施得到最大限度控制(如蒸汽养护、洒水薄膜覆盖等)。

(2)干缩试验和强度试验结果充分体现了玄武岩纤维的优越性。

干缩是指置于未饱和空气中的混凝土因水分散失而引起的体积缩小变形,是混凝土早期水化反应过程中的主要收缩作用之一。在纤维低体积掺量情况下,纤维能很好地改善混凝土的结构,使之更加密实,连通孔隙数量也大为降低,延缓了水分的蒸发速率。同时,纤维的桥连作用,使混凝土的收缩受到一定的约束,故使混凝土的干缩作用大为降低。

从强度方面来说,增强的效果主要来源于纤维对混凝土拌和质量的改善(原因在于试验结果中强度提升的幅度要高于两种主要理论的计算值),纤维在裂缝两端的桥接作用降低了裂缝尖端应力集中程度,混凝土受力趋于均匀化,这一作用使混凝土的破坏具有了"假延性"特征。

玄武岩纤维虽为一种柔性纤维,但其模量明显大于聚丙烯纤维,拌和过程中始终能较好地保证伸展的形态,降低相互缠绕的概率,分散性好,在混凝土发生低应变率时即与其协同工作,加强了纤维混凝土的整体性;此外,在相同体积率下,玄武岩纤维砂浆的抗干缩性能和强度均较聚丙烯要好许多,这主要得力于玄武岩纤维的高模量特征,纤维—水泥基体界面黏结性良好。在保证黏结强度的前提下,模量高就意味着在相同的应变下可分担的应力越大。对于混凝土这一脆性材料来说,破坏时的应变往往只是0.001的数量级水平,毫无疑问,模量可达100GPa的玄武岩纤维对混凝土材料的受力有良好的改善作用,特别是对微观裂缝的控制方面。

3.4 主要结论

通过玄武岩纤维增强水泥砂浆的试验研究和理论分析，可以得出以下主要结论：

(1)玄武岩纤维对水泥砂浆有良好的增强效果，表现在抗裂、抑制干缩、强度提高等方面。在增强水泥砂浆的抗裂(表面塑性开裂)方面，玄武岩纤维的性能稍逊于聚丙烯纤维；在水泥砂浆的强度增强和抑制干缩方面，玄武岩纤维均优于聚丙烯纤维，尤其对水泥砂浆早期强度的形成有显著作用，对水泥砂浆后期强度也有一定影响。

(2)影响玄武岩纤维增强水泥砂浆性能的两大主导因素中，体积率为主要方面，长径比为次要方面；体积率为0.10%时，增强效果就已经很明显，28d抗折强度提高幅度可达8.8%；长径比方面，18mm长玄武岩纤维增强整体水平高，且变异性小。

(3)玄武岩纤维卓越的增强性能与其自身的一些特点息息相关，与混凝土材料的相容性好、刚度大、弹性模量高、分散性佳等特点实现了其与混凝土材料的协同受力。

(4)玄武岩纤维与大多数柔性纤维的增强机理相类似，主要改善了混凝土拌和的质量，减少泌水降低离析，提高混凝土的和易性，减少裂缝数量并改变微观裂缝形态，使混凝土材料更加密实、整体性强；其次，玄武岩纤维降低了裂缝尖端的应力集中程度，在混凝土受低荷载应力水平时纤维就能发挥作用；最后表现为高模量纤维的桥接作用，当混凝土微应变达到一定水平后，纤维与混凝土材料协同工作，参与分担荷载，限制裂缝的进一步扩展。

4 玄武岩纤维增强水泥混凝土配合比设计方法研究

4.1 玄武岩纤维增强水泥混凝土配合比设计思考

目前,刚性纤维混凝土(目前主要为钢纤维)的设计理论趋于完善,而一直以来作为一种颇具推广前景的新型复合材料,柔性纤维混凝土都没有较好地解决这一重要问题,其中的原因之一就是纤维性能的差异性大,适用性也不同。柔性纤维品种繁杂,同一种纤维也会因为其生产原料、生产工艺的原因,性能上表现为较大的差异。

配合比设计是将研究材料推向工程应用的重要阶段,受原材料特性、材料制作工艺、工程施工方法等诸多因素的影响,柔性纤维混凝土配合比设计须着重考虑由于掺入纤维后给复合材料带来的一些重要改变,尤其是工作性、纤维分散性。室内配合比试验以研究纤维混凝土特性为对象,探求纤维对混凝土性质的影响规律,真正为工程施工材料配合比提供参考,以便在不同生产条件下采取行之有效的改善措施。

玄武岩纤维水泥砂浆性能试验的研究表明,当纤维体积率达到0.10%时,复合材料已产生很好的增强效果,从经济角度来说,纤维的掺量也不宜过大(一般情况下柔性纤维的体积率在1.00%以下)。这样说来,柔性纤维的体积不到混凝土材料的百分之一,属于低掺量范畴。另一方面,有研究表明,柔性纤维的增强效果主要体现在微观裂缝的抗裂阻裂方面,提高复合材料的耐久性能,对强度的提高有限,但从玄武岩纤维水泥砂浆3d和28d强度的提升幅度来看,玄武岩纤维对水泥砂浆抗压和抗折强度的提高有一定作用,且早期表现更加明显。

因此,柔性纤维配合比设计应更加关注其对混凝土材料耐久性的提高,同时兼顾强度提升要求。鉴于篇幅及研究方向的所限,本书只讨论道路用水泥混凝土配合比设计方法,主要参考《道路水泥混凝土配合比设计手册》及《公路水泥混凝土路面施工技术规范》(JTG F30—2003)❶,考虑玄武岩纤维对混凝土工作性及部分力学性能的影响作局部优化设计。

结合前人研究思路,初步确定玄武岩纤维增强水泥混凝土的配比设计方法如图 4-1 所示。

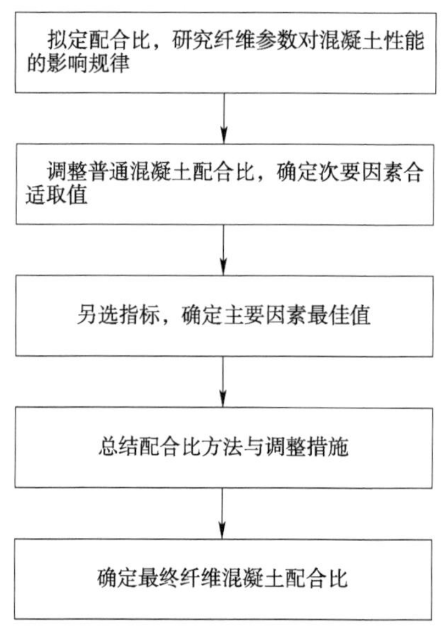

图 4-1 配合比设计研究路线

❶《公路水泥混凝土路面施工技术规范》(JTG F30—2003)于 2014 年 4 月 1 日作废,被《公路水泥混凝土路面施工细则》(JTG/T F30—2014)代替。

4.2 主要参数对混凝土性能的影响分析

4.2.1 性能评价指标与试验分析方法

通过对玄武岩纤维水泥砂浆增强机理与试验结果分析,纤维参数中对混凝土性能影响较大的参数主要有两个因素,即纤维体积率及长径比。同时,由于柔性纤维直径普遍较小,对混凝土材料的作用机制与水泥颗粒在同一数量级上,故把水灰比作为第三影响因素。因此,确定纤维体积率、纤维长径比及水灰比为影响混凝土性能的三大主要因素。

由玄武岩纤维增强水泥砂浆作用机理的分析可知:一方面,柔性纤维的增强作用主要体现在微观裂缝的抗裂阻裂方面,但塑性收缩只是在混凝土早期发生,不包含裂缝形成与发展的所有过程,且塑性收缩可通过其他手段得到着实有效的控制;另一方面,强度大小一定程度上能反映了玄武岩纤维对混凝土性能的影响,混凝土这种脆性材料的断裂破坏是从微观裂缝逐步扩展并贯通而造成的,纤维对微观裂缝的控制效应必然也会反映到宏观强度。因此,拟借鉴砂浆试验的经验,同时考虑公路工程水泥混凝土路面的特点,选取玄武岩纤维增强水泥混凝土的 7d 抗折强度作为评价指标之一,同时考虑纤维混凝土工作性指标——坍落度,作为玄武岩纤维水泥混凝土性能的评价指标。

鉴于多因素多水平试验的复杂性,室内试验采用正交试验分析方法。正交试验是研究多因素多水平的一种试验方法,它根据正交性从全面试验中挑选出部分有代表性的点进行试验,是一种高效率、快速、经济的试验设计方法。

4.2.2 试验准备与方法

1)试验仪器与设备

秤(精度 10g、0.1g 两种),量筒等相关辅助器具,强制式混凝土搅拌机，振捣台，强度试验机。

2）试验原材料

粒径为5～25mm连续级配石灰岩碎石；南京青龙牌P.O.42.5R水泥；河沙，细度模数3.2；浙江东阳玄武岩纤维有限公司生产玄武岩纤维，产品类型与砂浆试验研究中所采用的纤维相同；萘系高效减水剂；饮用自来水。

3）试验配合比

该研究阶段的试验配合比主要依据普通混凝土路面28d抗折设计强度5.0MPa，按普通混凝土设计方法进行配合比设计，初拟混凝土配合比如表4-1所示。

正交试验普通混凝土初拟配合比（单位：kg/m^3）　　表4-1

水	水泥	砂	石子	减水剂
145	372	735	1199	5

4）试验方法

（1）成形与养护：为确保玄武岩纤维的分散性，仍采用干拌法成形，具体步骤见图4-2。

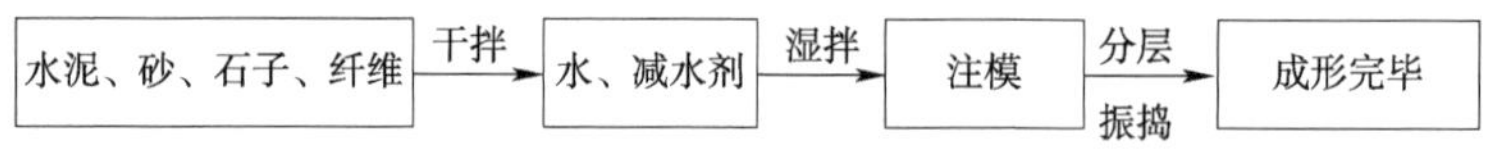

图4-2　纤维混凝土的成形方法

成形搅拌时，需关注纤维分散性并预估混凝土坍落度，保证混凝土拌和质量；振捣时应至少分两层两次进行，以提高混凝土密实性，振捣以表面出现浮浆为止。成形完毕后，应立即用塑性薄膜封盖试件表面，以减少水分的大量散失，1d后进行拆模，放入混凝土标准养护室（温度20℃±2℃，相对湿度95%以上）进行养护7d。

（2）强度测试：一种配合比为一组，一组3根小梁试件，小梁尺寸为100mm×100mm×400mm，按规范要求，须乘以系数0.85

进行折减。试验依据《公路工程水泥及水泥混凝土试验规程》(JTG E30—2005)中混凝土抗弯拉强度测试方法(图4-3),采用三分两点加载方式,加载速度为0.05～0.08MPa/s,试件断裂在两加载点之间为有效试验。

图4-3　混凝土抗折强度的测试

有效试验的抗折强度f_r按下式计算:

$$f_r = \frac{Fl}{bh^2} \tag{4-1}$$

式中:f_r——抗折强度(MPa);

F——极限荷载(N);

l——支座间距离(mm);

b——试件宽度(mm);

h——试件高度(mm)。

以3个试件测值的算术平均值作为测定值。3个试件中最大值或最小值中,如有一个与中间值之差大于中间值的15%,则把最大值和最小值舍去,以中间值作为试件的抗折强度;如最大值和最小值与中间值之差值均超过中间值15%,则该组试验结果无效。

4.2.3　正交试验及结果分析

1)正交试验设计

纤维掺量、纤维长径比和水灰比是影响混凝土抗折强度(评价指标)的三大因素,根据相关试验研究及文献资料,试选取了各因素的三种水平。各因素相应的水平及代号如表4-2所示。

由此根据正交设计理论设计试验方案,如表4-3所示,试验结果也列于表中。

正交试验因素、水平及相应代号 表 4-2

因素水平	水灰比(A)	纤维体积率(B)	纤维长度(mm)(C)
Ⅰ	0.37	0.10%	12
Ⅱ	0.39	0.30%	18
Ⅲ	0.41	0.50%	24

试验方案与结果 表 4-3

方案编号	各因素水平组合			坍落度(mm)	7d 抗折强度(MPa)
	A	B	C		
1	Ⅱ	—	—	100	4.09
2	Ⅰ	Ⅰ	Ⅰ	20	4.99
3	Ⅰ	Ⅱ	Ⅱ	0	5.29
4	Ⅰ	Ⅲ	Ⅲ	0	4.51
5	Ⅱ	Ⅰ	Ⅱ	25	5.14
6	Ⅱ	Ⅱ	Ⅲ	10	4.93
7	Ⅱ	Ⅲ	Ⅰ	0	4.66
8	Ⅲ	Ⅰ	Ⅲ	10	4.11
9	Ⅲ	Ⅱ	Ⅰ	5	4.68
10	Ⅲ	Ⅲ	Ⅱ	0	4.29

注:1. 第 1 组为基准组(无纤维)。

2. 各组配合比中,单位体积用水量相同,其他组分作相应调整。

3. 配合设计减水剂用量均为第 5 组水泥用量的 1.2%。

2)正交试验结果分析

极差分析:对表 4-3 的数据进行极差(R)分析,如表 4-4 所示,极差最大的因素是最主要影响因素,计算结果表明 $R_A > R_B > R_C$,即影响混凝土 7d 抗折强度最主要的因素是水灰比(A),其次是纤维掺量(B),最后是纤维长度(C)。

正交试验的结果表明:

(1)影响玄武岩纤维水泥混凝土抗折强度的主要因素仍为水灰比,较之次要因素为纤维体积掺量,这符合纤维增强机理的推断——主要作用不在于提高基体强度,而在于对微观裂缝的控制方面(抗裂阻裂)。

极差、方差分析结果 表4-4

方差来源	极差	平方和	自由度	均方值
因素 A	0.57	0.62	2	0.31
因素 B	0.48	0.35	2	0.17
因素 C	0.39	0.23	2	0.12

(2)三大因素中,纤维长径比是最次要因素。在配合比设计过程中,纤维规格的选取可放宽限制,而应更注重选取合适的纤维体积掺量。关于次要因素的水平选择,12mm、18mm 和 24mm 长度的玄武岩纤维水泥混凝土的平均强度分别为 4.78MPa、4.91MPa 和 4.52MPa,故选 18mm 长玄武岩纤维为最优长径比。主要因素纤维体积掺量需通过进一步的试验来确定。

(3)水灰比仍是纤维混凝土形成整体强度最终来源,故必须严控水灰比,不能因需要提高纤维混凝土的工作性而任意加水。

3)纤维掺量与长径比对混凝土性能的影响规律

鉴于当前试验的评价指标为混凝土工作性和 7d 抗折强度,以下分析仅围绕此两项指标展开。

由于纤维的吸水保水作用,混凝土变得干稠,难以拌和,坍落度急剧缩小。图4-4 所示为不同纤维体积掺量下水泥混凝土的干稠状态。可以看出,纤维体积率对混凝土的工作性影响巨大,纤维体积率越大,间距越小,空间体系越稳固,对集料移动的限制作用就越强,尤其是玄武岩纤维这一自身刚度较大的纤维。当纤维体积率达 0.50% 时,混凝土几乎丧失了流动性,显然这是不适宜的。

关于玄武岩对水泥混凝土的增强效果,由复合材料理论和纤维间距理论可知,纤维体积率越大,混凝土强度的提升作用越显著。但从图 4-5 来看,当纤维体积率达到 0.50% 时,混凝土的抗折强度出现了下降。结合试验时的观测,这主要是因为玄武岩纤

图4-4　不同体积率下(0.00%、0.10%、0.30%、0.50%)玄武岩纤维混凝土的干稠状态

维的加入对水泥混凝土的内部结构产生了影响:当纤维掺量较低时,纤维能够较好地改善混凝土和易性,使混凝土材料分布更均匀、更密实(混凝土的密实度往往是影响基体强度的首要因素);当纤维掺量增加时,若不采取其他改进措施,混凝土流动性大大下降,纤维体系内部相互作用,有结团难以分散的现象,导致混凝土孔隙率增加,尤其是在胶凝材料与集料的界面上,纤维对界面的黏结作用产生不可忽略的负面影响,导致胶浆对集料的裹覆能力下降。因此,纤维体积率应兼顾增强效应与负面干扰的作用强度,低掺量时,前者占主导趋势,随着掺量的增加,后者逐步增强作用。

纤维长度对坍落度也存在影响,从正交试验结果来看,纤维长度越长,对集料移动的限制作用就越强。从长径比—强度影响关系(图4-6)可看出,纤维长度越接近于集料最大公称粒径时,这种纤维空间体系对集料骨架体系产生的干扰将影响混凝土强度。以 7d 抗折强度的试验结果来看,18mm 长玄武岩纤维混凝土的性能最为优异,12mm 长玄武岩纤维次之,24mm 长玄武岩纤维最差。

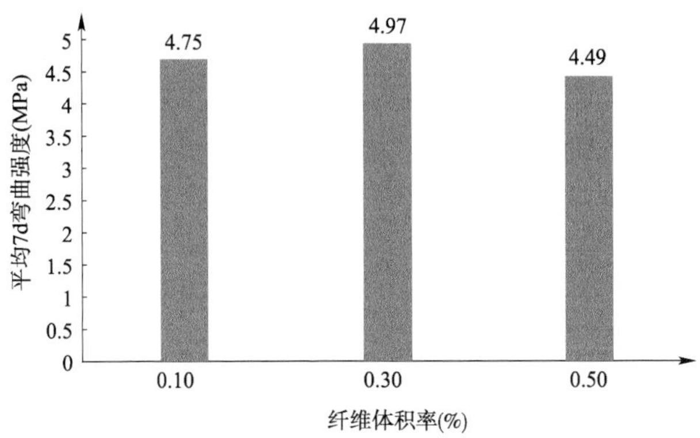

图 4-5　纤维体积率与混凝土 7d 抗折强度

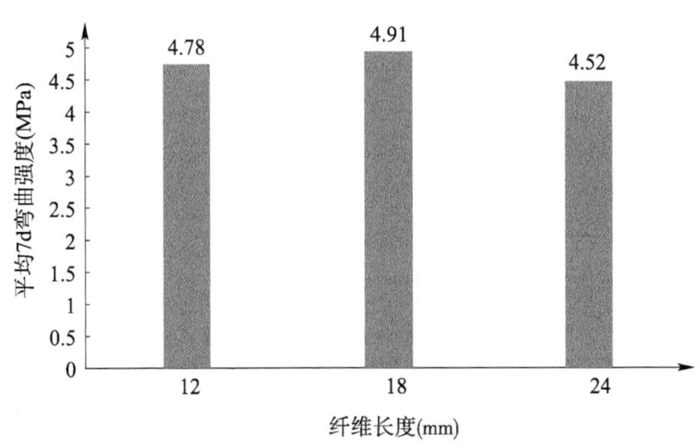

图 4-6　纤维长径比与混凝土 7d 抗折强度

纤维长径比作为影响混凝土性能的一个相对次要因素,可依据某一评价指标进行最优选择,以降低试验工作量,但该评价指标须反映材料整体性能的特征。

4.3 玄武岩纤维水泥混凝土性能评价试验

前述分析表明,玄武岩纤维体积参数对纤维混凝土性能有较大影响,因此,纤维混凝土配合比设计过程中应着重考虑其最佳取值,使纤维复合水泥混凝土材料性能、施工性及经济因素方面达到最佳整合。用于确定玄武岩纤维最佳掺量而开展的纤维水泥混凝土性能的评价试验主要有干缩率、28d 抗折强度、抗冲击性能。选择此三个指标的原因为:收缩是混凝土材料难以避免的固有弱点,混凝土材料(及其复合材料)的收缩会引发一系列工程问题,须专门考虑和设计,而干缩是混凝土材料硬化阶段发生的主要收缩作用之一,有代表性;道路水泥混凝土路面的路面强度设计指标为混凝土 28d 抗折强度,因此需要严控该指标;抗冲击性能可显著反映纤维增强效果(已有试验结果表明纤维提高抗冲击性能可达 2 ~ 3 倍),体现纤维的使用价值,尤其是在承受车辆动荷载方面。

4.3.1 试验原材料与流程

试验原材料与前述正交试验相同,并借鉴正交试验结果,结合常用道面水泥混凝土材料施工方法——滑模摊铺机施工 30 ~ 50mm 的坍落度(半干硬性水泥混凝土)要求,对配合比进行微调。空白(基准)混凝土的配合比见表 4-5。

试验基准配合比(单位:kg/m^3)　　表 4-5

水	水泥	砂	石子	减水剂
150	375	752	1175	7.5

对于玄武岩纤维的体积掺量,由前述正交试验得知,当体积率为 0.50% 时,材料性能的提升幅度急剧下降(尽管性能还是比空白混凝土高),从经济角度来考虑,是不合理的。因此,考虑选择该阶段的玄武岩纤维试验体积率为 0.10%、0.20% 及 0.30%。

经实测，三种玄武岩纤维掺量的坍落度分别为 40mm、25mm 和 20mm。

在明确试验基础配合比和玄武岩纤维掺量的基础上，依据规范要求制作相关试验时间，并依据《公路工程水泥及水泥混凝土试验规程》(JTG E30—2005)、美国混凝土学会 ACI-544 等试验规程开展性能实验。

4.3.2 混凝土干缩试验与结果分析

借鉴《公路工程水泥及水泥混凝土试验规程》(JTG E30—2005)中 T0566 的方法，试件尺寸为 100mm × 100mm × 400mm，三个试件为一组，标养 3d 脱模后放入干缩室(温度 20℃ ±2℃，相对湿度 60% ±5%)，立即用固定支架将混凝土试件直立稳定，并将千分表弹簧顶针对中混凝土上端面中心处，并保证一定的自由伸展长度，测量置入干缩室起 1d、7d、14d 和 28d 试件长度(即千分表读数)，如图 4-7 所示。

某一龄期混凝土的干缩率按下式计算：

$$S_d = \frac{X_{01} - X_{t1}}{L_0} \times 100\% \tag{4-2}$$

式中：S_d——龄期 d 天的混凝土干缩率(%)；

L_0——混凝土试件长度(mm)；

X_{01}——混凝土试件初始长度(mm)；

X_{t1}——混凝土试件龄期 t 天时干缩长度测值(mm)。

取 3 个试件干缩率的平均值作为试验结果。

图 4-7 试件干缩长度的测量

将玄武岩纤维体积掺量分别为 0.00%、0.10%、0.20% 和 0.30%，干缩龄期分别为 7d、14d 及 28d 的干缩率试验结果汇总于表4-6、图4-8中。

混凝土干缩试验结果 表4-6

玄武岩纤维体积率(%)	7d 干缩率(%)	14d 干缩率(%)	28d 干缩率(%)
0.00	0.0091	0.0141	0.0179
0.10	0.0079	0.0138	0.0171
0.20	0.0077	0.0131	0.0170
0.30	0.0076	0.0128	0.0165

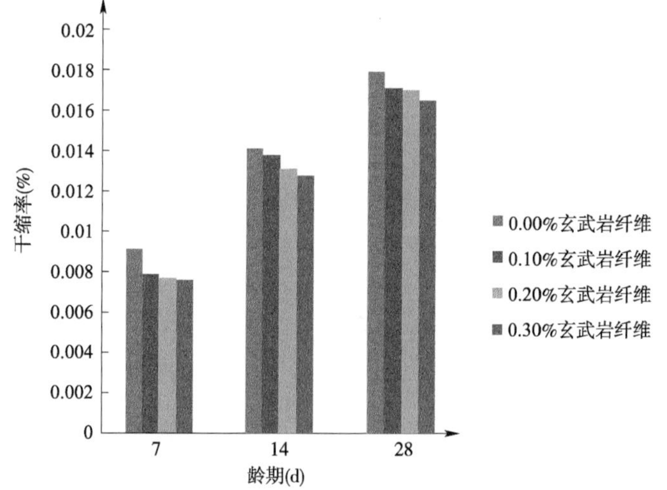

图4-8 各龄期不同体积掺量玄武岩纤维混凝土的干缩率比较

从试验数据来看,玄武岩纤维对混凝土的干缩起到了一定的抑制作用。纤维体积率分别为0.10%、0.20%、0.30%时,混凝土试件的干缩率均明显下降。

以体积率为0.30%的试件为例,7d干缩率较基准混凝土下降15.4%,14d干缩率下降9.2%,28d干缩率下降7.8%。这表明在玄武岩纤维低掺量前提下,纤维对水泥基材料干缩的抑制作用主要表现在早期,但后期也有部分抑制效果。由于纤维的吸水、保水作用并有效降低连通孔隙,能最大限度地降低混凝土内部水分的散失，维持了混凝土硬化和强度增长阶段所需的湿度环境，抑制了水泥基材料的干缩作用。同时，随着黏结强度逐渐增长，纤维加筋作用也能限制混凝土的自收缩变形。从试验结果来看，纤维掺量越高，对混凝土干缩作用的抑制越强。

4.3.3 混凝土抗折强度试验与结果分析

玄武岩纤维水泥混凝土的抗折强度测试方法与前述正交设计中相同，试件养护龄期为28d。将玄武岩纤维体积掺量分别为0.00%、0.10%、0.20%和0.30%的纤维水泥混凝土28d抗折强度试验结果汇总于表4-7和图4-9中。

混凝土 28d 抗折强度 表4-7

玄武岩纤维体积率(%)	28d抗折强度(MPa)
0.00	5.64
0.10	5.80
0.20	5.87
0.30	5.61

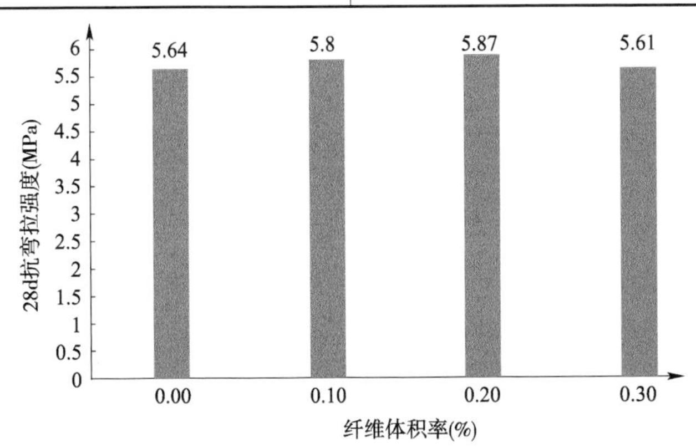

图4-9 不同体积率的玄武岩纤维混凝土28d抗折强度比较

从试验结果来看，玄武岩纤维对混凝土后期(28d)抗折强度的提升幅度并不大，0.10%体积率玄武岩纤维强度提高2.8%，0.20%体积率玄武岩纤维强度提高4.1%，0.30%体积率的玄武岩纤维混凝土强度反而较基准混凝土有所下降，但仍然大于5.5MPa。因此，玄武岩纤维对水泥混凝土的抗折强度的增强主要表现在早期，对后期也有一定的作用，合理纤维掺量下水泥混凝土的28d抗折强度约提高5%。

4.3.4 混凝土抗冲击试验与结果分析

按照美国混凝土学会ACI-544推荐方法，用标养条件下28d养护的试件，试件为圆柱体，底面直径152mm，高度(63.5 ± 3)mm。每组5个试件，试验用落锤质量为4.5kg，冲击锤下落高度为457mm，如图4-10所示。试验采用试件初裂冲击次数(N_1)、试件破坏冲击次数(N_2)、初裂与终裂破坏次数差(N_2-N_1)、试件破坏过程吸收的全部冲击能(N_2mgh)以及初裂后继续吸收的冲击能[$(N_2-N_1)mgh$]作为评价混凝土抗冲击性的指标。

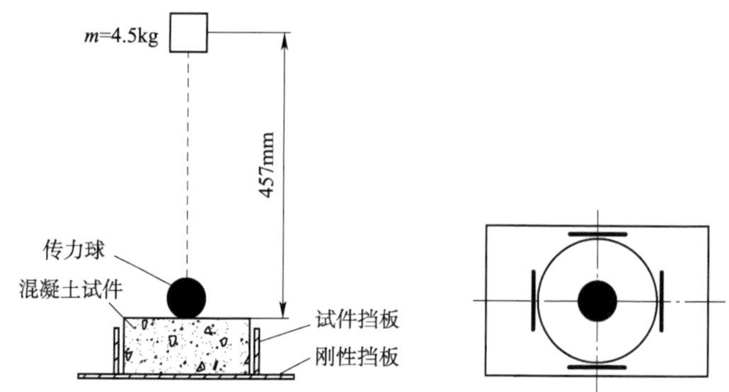

图4-10 落锤式冲击仪参数

注：初裂是指试件首次出现肉眼可见裂缝；终裂是指破碎试件接触四个挡板。

将玄武岩纤维体积掺量分别为0.00%、0.10%、0.20%和0.30%的抗冲击试验结果汇总于表4-8。

从试验结果可以看出，随着玄武岩纤维体积率的增加，混凝土初裂次数、终裂次数、初裂后破坏冲击能与全过程破坏能均增加。玄武岩纤维的掺入，提高了混凝土材料抵抗冲击破坏的能力，最大限度地延缓裂缝的扩展，保证了混凝土材料试件的完整性。

落锤式冲击试验结果 表4-8

纤维体积率(%)	初裂冲击次数	终裂冲击次数	初裂、终裂冲击次数差	全过程试件破坏冲击能量(J)	初裂后试件破坏冲击能量(J)
0.00	53	58	5	1179	102
0.10	75	98	23	1992	466
0.20	131	163	32	3314	651
0.30	158	215	57	4371	1159

纤维体积率仅为0.10%的混凝土无论是初裂、终裂次数还是破坏能，较空白混凝土均有较大幅度的提高。在试件初裂后，纤维体积率越大，破坏所需的冲击能显著升高，0.30%体积率对应冲击能达到空白混凝土的10倍以上。

4.4 玄武岩纤维混凝土配合比设计流程与调整措施

由于混凝土材料中柔性纤维的掺量普遍较低，掺入纤维后一般无须改变混凝土原有配合比，混凝土材料才是复合材料强度的最终来源，纤维只是起到“推波助澜”的作用。与普通混凝土相比，纤维混凝土的配合比设计重点在于考虑纤维对混凝土强度与坍落度指标的影响。

1)强度指标

由纤维参数对纤维水泥混凝土性能的影响分析得知，纤维掺量是复合材料强度的主要影响因素。掺量较低(>0.10%)时，纤维对基体有较为明显的增强作用，而掺量增加到一定水平后，增强效果开始下降。

从纤维增强机理分析，柔性纤维对混凝土性能的改善主要体现在微观裂缝的控制方面，基体强度的提高只是纤维抗裂阻裂作用的必然结果之一。一方面，影响强度提高幅度的因素复杂，存在一定的变异性;另一方面,纤维对促进混凝土早期强度的发展有显著的作用,但对混凝土后期强度的提高能力有限。因此,在目前的研究成果前提下,在强度设计时可不予考虑纤维对基体强度提高的作用。

2)坍落度指标

对于混凝土材料的施工,坍落度是一个重要的经验控制指标,不仅关乎施工的正常进行,混凝土结构的质量也与其息息相关。前述研究表明,纤维掺量是影响混凝土坍落度的重要因素。从施工角度来说,坍落度指标是不能轻易变动的,因此需要采取一些有效的手段来满足配合比的设计要求。

4.4.1 纤维混凝土配合比设计流程

以纤维增强机理为理论基础,现行道路水泥混凝土配合比设计规程为依据,结合室内试验中总结的经验,归纳出玄武岩纤维水泥混凝土配合比设计流程,如图 4-11 所示。

4.4.2 道路水泥混凝土配合比设计的要求

道路水泥混凝土配合比设计的要求主要包括混凝土弯拉强度、工作性、耐久性和经济性等。

1)弯拉强度

各交通等级路面板的 28d 设计弯拉强度标准应符合《公路水泥混凝土路面设计规范》(JTG D40—2002)[1]中规定。试配强度 f_c 按下式确定。

$$f_c = \frac{f_r}{1 - C_v} + ts \tag{4-3}$$

式中:f_c——混凝土试配 28d 弯拉强度均值(MPa);

f_r——混凝土设计弯拉强度标准值(MPa);

[1]《公路水泥混凝土路面设计规范》(JTG D40—2002)于 2011 年 12 月 1 日起作废,被 JTG D40—2011 代替。

s——混凝土弯拉强度试验样本的标准差(MPa)；

t——保证率系数；

C_v——弯拉强度变异系数。

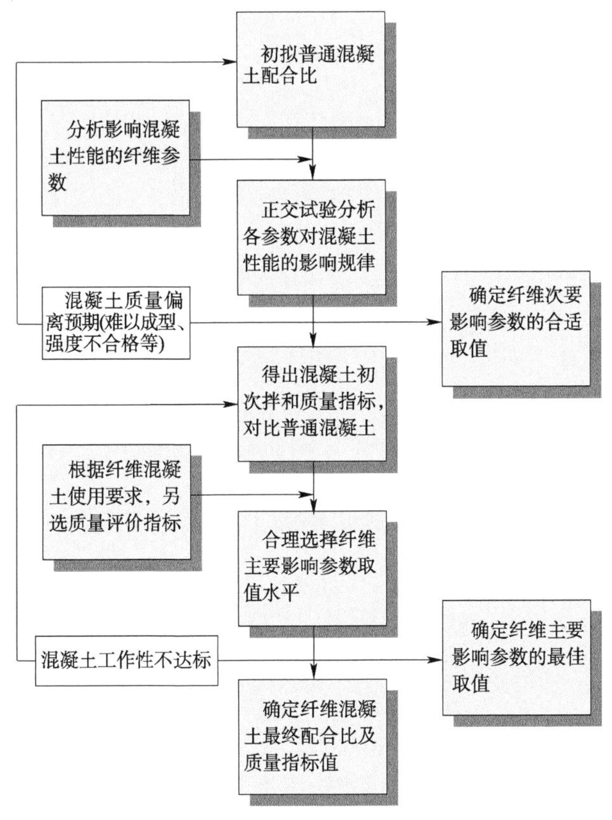

图4-11　纤维混凝土配合比设计流程

2)工作性

路面水泥混凝土对工作性的要求是非常重要的。首先它必须满足振捣棒(组)对路面板振捣密实的要求;其次必须满足路面表面施工较高的平整度、抗滑构造和规则外观的要求。因此,在配制路面混凝土时,其工作性指标(主要为坍落度、振动黏度等)应符合相关施工技术方法的规定。

3)耐久性

水泥混凝土路面的耐久性始终是进行配合比设计和配制混凝土的一个核心问题,不仅关系到混凝土路面的使用寿命和使用功能,而且还关系到行驶车辆的安全性,因此对混凝土路面的耐久性应引起足够的重视。

4)经济性

在满足道路水泥混凝土弯拉强度、工作性和耐久性技术要求前提下,混凝土的配合比应尽可能经济,以降低工程造价。

5)外加剂

水泥混凝土中普遍掺加了外加剂,改善了混凝土的某些性能,但其应当符合凝结时间、适应性等相关要求。

6)纤维分散性

这是对柔性纤维混凝土提出的关键性要求,纤维分散性直接影响到其增强效果,以及混凝土均匀性、密实性。

4.4.3 纤维混凝土配合比初拟方法

结合现行道路普通混凝土的配合比设计方法,对纤维混凝土的配制做相关的调整与改进,具体如下:

1)计算混凝土的水灰比

$$\frac{W}{C}=\frac{1.5684}{f_c+1.0097-0.3595f_s}$$

式中:f_s——水泥实测28d的抗折强度。

2)确定砂率

根据砂的细度模数与最优砂率的关系确定砂率 S_p,如表4-9所示。

砂细度模数与合适砂率选择对照表 表4-9

细度模数	2.2~2.5	2.5~2.8	2.8~3.1	3.1~3.4
碎石砂率(%)	30~34	32~36	34~38	36~40

纤维体系有辅助集料骨架结构稳定及促进混凝土密实的作

用,因此,砂率可取大限。

3)确定单位用水量

$$W_0 = 104.97 + 0.309S_L + 11.27\frac{W}{C} + 0.61S_p$$

式中:S_L——混凝土拌和物的坍落度(mm)。

4)计算单位水泥用量

$$C_0 = \frac{C}{W}W_0$$

从强度稳定性和经济性考虑,其用量有下限和上限。

5)计算砂石用量

混凝土中砂石的用量可用密度法或体积法计算。

(1)密度法:混凝土单位体积的质量可取 2400 ~ 2450kg/m^3,并将下列两式联立求解。

$$\begin{cases} C_0 + W_0 + S_0 + G_0 = \gamma_0 \\ S_p = \dfrac{S_0}{S_0 + G_0} \times 100\% \end{cases} \tag{4-4}$$

式中:C_0、W_0、S_0、G_0——水泥、水、砂、石子的单位用量(kg);

γ_0——假定混凝土的单位体积质量(kg)。

(2)体积法:联立下两式进行求解。

$$\begin{cases} \dfrac{C_0}{\rho_c} + \dfrac{W_0}{\rho_{0w}} + \dfrac{S_0}{\rho_{0s}} + \dfrac{G_0}{\rho_{0g}} + 10\alpha = 1000(\mathrm{L}) \\ S_p = \dfrac{S_0}{S_0 + G_0} \times 100\% \end{cases} \tag{4-5}$$

式中:ρ_c、ρ_{0w}、ρ_{0s}、ρ_{0g}——水泥、水、砂、石子的密度(g/m^3);

α——混凝土中的含气百分数(%),在不使用引气型外加剂时,α 取 1.0。

6)减水剂用量

减水剂作为一种常用外加剂,主要目的在于降低用水量,从而达到降低水灰比,提高混凝土强度的要求。高效减水剂用量较低(一般为水泥质量的 1.0% ~2.0%,减水率可达 30%),能在缩小用水量的同时,大幅改善和易性,保证混凝土的工作性。而纤维对混凝土工作性的影响较大,自身存在保水、吸水现象,同时阻碍浆体的流动,束缚集料的移动。减水剂与纤维的复掺,能很好地解决上述问题。对于纤维混凝土,减水剂的用量尚无通用的计算方法,现推荐一种经验法:

(1)配制普通混凝土(无纤维),测量混凝土拌和物的坍落度,确定其值 S_{L1} 在目标值 S_L 可接受范围内,减水剂用量为水泥质量的 $x_1\%$(可以为零)。

(2)配制拟定纤维用量的混凝土,观察混凝土拌和物的流动性,准备三种用量的减水剂(水泥质量的 $x_1\%$、$x_2\%$、$x_3\%$),测量混凝土拌和物的坍落度 S'_{L1}、S'_{L2}、S'_{L3},x_3 不得超过减水用量允许上限,否则须更改减水剂品种。

(3)预估减水剂用量。

$$x = x_1 + \frac{(x_2 - x_1) \times (S_L - S'_{L1})}{S'_{L2} - S'_{L1}} \text{或} \ x = x_2 + \frac{(x_3 + x_2) \times (S'_{L3} - S_L)}{S'_{L3} - S'_{L2}}$$

(4)配制减水剂用量为 $x\%$ 的纤维混凝土,为更接近于坍落度指标目标值,可进行微调,一般为$(x \pm 0.2)\%$。

使用减水剂时,应重视其相容性及对凝结时间的控制等问题。值得一提的是,减水剂对纤维混凝土的敏感性不及普通混凝土,即减水剂用量变化时,坍落度波动的幅度也不会过大,原因在于纤维对混凝土体系的辅助支撑作用。

4.4.4 纤维混凝土配合比的调整与确定

1)强度检验

强度的检验应采用普通混凝土(无纤维,减水剂用量不必与纤维混凝土相同)试件,至少采用三个不同的配合比,其一为基准配合比,另外两个配合比的水灰比宜较基准配合比分别增加和减少0.05。制作混凝土试件完毕,检验混凝土的和易性并测定表观密度,养护到龄期测试强度。

水灰比根据强度检验结果,在满足强度及相应变异水平控制要求的前提下,选择较大水灰比。

2)纤维混凝土配合比的调整

纤维对混凝土工作性的影响可通过图 4-12 所示途径来解决。

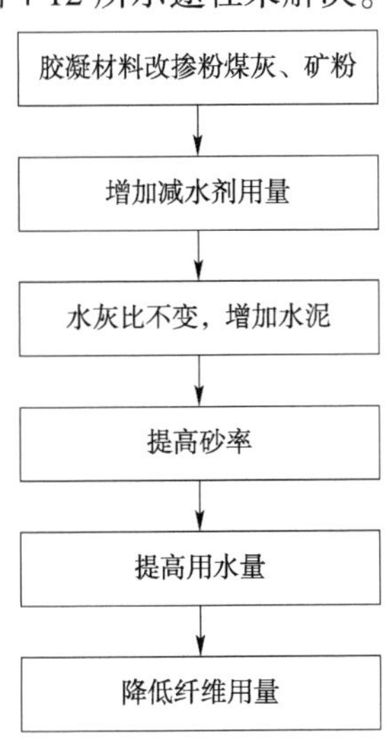

图 4-12 纤维配合比调整措施

考虑经济因素及混凝土质量的可靠性,该措施从上至下优先权递减,但可一并采取数种手段,如前两种手段同时施行是工程当中常选的。此外,还须强调的是,每种调整措施只限于“微调”, 均有一定的限度,否则将导致混凝土配合比工作的失败。

3)纤维混凝土配合比的确定

基于初拟纤维混凝土的配合比,为达到目标强度及最佳工作性要求,按上述措施进行调整后,测定混凝土拌和物的坍落度及比重,并测量标准养护龄期的强度,合格后将各组分用量折算为单位体积用量即可确定最终试验配合比,指导施工。

4.5 本章小结

基于纤维增强理论,通过正交试验分析玄武岩纤维对混凝土性能的作用规律,对纤维参数主次进行区别,并进一步优选评价指标,确定配合比中的纤维参数。结合普通混凝土配合比设计方法,对纤维配合比的设计方法进行了探讨,主要结论包括:

(1)玄武岩纤维与水泥混凝土材料有很好的适应性,进行相关配合比设计是可行的。

(2)利用正交试验分析方法,得出影响混凝土性能的纤维参数中,体积掺量是主要因素,长径比是相对次要因素。在配合比设计中,应着重考虑主要因素的选值。

(3)纤维对混凝土的工作性存在较大影响,可掺减水剂解决。与普通混凝土相比,在纤维混凝土的配合比设计中,重点考虑解决混凝土工作性问题。

(4)列举了几种行之有效的改善混凝土工作性的方法。实践证明,纤维与水泥混凝土材料复合的思路是可行的、可靠的。

(5)阐述了纤维混凝土的配合比设计方法,为玄武岩纤维混凝土的室内性能研究及工程应用奠定了基础。

5 玄武岩纤维水泥混凝土路用性能研究

从玄武岩纤维增强水泥砂浆性能试验以及配合比设计验证试验结果可以看出,玄武岩纤维作为一种新型的高性能纤维,能提高混凝土拌和物的质量,改善混凝土微观的受力状况,提升混凝土材料的整体性能,在水泥混凝土工程领域有着广阔的应用前景。

刚性路面是我国高等级路面采用的路面形式之一,主要用于重载交通的道路。由于水泥混凝土对荷载的敏感性以及地基支撑要求较高,我国刚性路面的使用年限远小于其设计年限。将玄武岩纤维用于水泥混凝土路面,可进一步提高水泥混凝土路面应对重载交通的能力,减少动载对水泥混凝土路面冲击的影响,从而延长水泥混凝土路面的服务寿命。为此,需要对玄武岩纤维增强水泥混凝土的路用性能进行全面研究,并与其他纤维的增强效果进行比较,为今后玄武岩纤维混凝土路面的设计提供依据。

5.1 玄武岩纤维水泥混凝土路用性能指标

路面板不仅承受着汽车荷载的频繁作用,而且还经受雨水、盐的侵蚀,温变、碳化等气候环境因素的作用,对路面结构的使用寿命是一个严峻的考验。客观地评价一种路面材料,不仅仅要强调其承载能力,更应注重耐久性能。

根据已有研究成果,水泥混凝土内部纤维体系的存在不仅提升了混凝土材料的强度,对混凝土耐久性能的提高也有显著作用。因此在进行玄武岩纤维水泥混凝土的性能评价时,必须考虑

以下性能指标:

(1)收缩性能:收缩性是水泥混凝土材料(及其复合材料)的特性,这必然导致在路面设计时,需要从结构和材料设计方面来降低其干缩带来的路面病害。因此,如果纤维的加入能有效改善水泥混凝土的收缩性能,将使得其在路面中应用具有显著优势。

(2)抗折强度:路面板的结构性破坏形式主要为弯拉破坏,抗折强度也是道路混凝土强度设计指标、路面结构设计指标及竣工验收指标。

(3)抗压强度:承压能力是混凝土刚性材料的强项,也是抵抗路面板局部压碎破坏的重要指标。

(4)冲击韧性:作为典型的刚性材料,混凝土最大的特点便是脆性,尤其是承受汽车动荷载的路面板,结构的破坏有时表现为瞬间的断裂,能量在顷刻全部释放。提高混凝土材料的韧性也是材料研究者们常关注的方面,要使混凝土材料的破坏具备一定的延性并提高抵抗冲击作用的能力。

(5)抗渗性能:抗渗性能一般反映材料抵抗外部介质(水、氯等有害物)侵蚀的能力,是耐久性能的重要指标。

(6)抗冻融性能:抗冻融性能涉及材料在寒冷地区应用的要求,冻融作用主要造成材料内部结构的损伤,抗冻融性能能够反映混凝土材料的整体性能。

(7)抗疲劳性能:水泥混凝土路面结构的破坏常常是疲劳破坏,即在极限荷载以下的汽车轴载累计作用一定次数(疲劳寿命)后,路面发生破坏。该项指标是刚性路面设计寿命预估的重要参数。

5.2 玄武岩纤维增强水泥混凝土试验方案

参照《公路工程水泥及水泥混凝土试验规程》(JTG E30—2005)、美国混凝土学会 ACI-544 推荐抗冲击试验方法,《纤维混凝土结构技术规程》(CE CS38—2004),针对选取的路用性能评价指标,进行相关指标测试与计算。试验方案与基本配比概述如下。

5.2.1 试验方案

为了充分比较玄武岩纤维对水泥混凝土性能的增强效果,拟在室内开展四组混凝土的性能试验(其中纤维的体积掺量均为0.1%),如表5-1所示。

试验分组 表5-1

组别	混凝土类型	设置目的
PC	普通水泥混凝土(Plain Concrete)	用于基准数据采集,验证纤维混凝土性能
PFC	聚丙烯纤维水泥混凝土(Polypropylene Fiber Concrete)	对比分析玄武岩纤维增强水泥混凝土的性能
BFC-18	玄武岩纤维水泥混凝土(18mm,18mm Basalt Fiber Concrete)	全面研究玄武岩纤维混凝土的路用性能
BFC-30	玄武岩纤维水泥混凝土(30mm,30mm Basalt Fiber Concrete)	比较超长纤维的效果

5.2.2 试验原材料与配合比

试验混凝土各组分(水、砂、石子、水泥、减水剂、玄武岩纤维、聚丙烯纤维)均与前述研究所用原材料相同,玄武岩纤维选用两种规格(18mm、30mm)。

PC组配合比采用上一章确定的配合比,纤维混凝土组统一采用0.10%体积掺量,使组别之间具有可比性。各组混凝土配合比见表5-2,纤维为对应类型。

试验各组配合比及实测坍落度 表5-2

组别	水(kg/m^3)	水泥(kg/m^3)	砂(kg/m^3)	石子(kg/m^3)	减水剂(kg/m^3)	纤维(kg/m^3)	坍落度(mm)
PC	150	375	752	1175	1	0	45
PFC	150	375	752	1175	3.75	0.91	40
BFC-18	150	375	752	1175	3.75	2.70	40
BFC-30	150	375	752	1175	3.75	2.70	35

5.3 纤维水泥混凝土性能试验

5.3.1 水泥混凝土收缩性能试验

水泥混凝土的收缩试验方法如前章所述，针对四组不同类型水泥混凝土进行试验，并对试验结果进行比较，如表5-3、图5-1所示。

各组别干缩试验结果 表5-3

组别	7d 干缩率(%)	14d 干缩率(%)	28d 干缩率(%)
PC	0.0091	0.0141	0.0179
PFC	0.0073	0.0135	0.0172
BFC-18	0.0079	0.0138	0.0171
BFC-30	0.0080	0.0138	0.0173

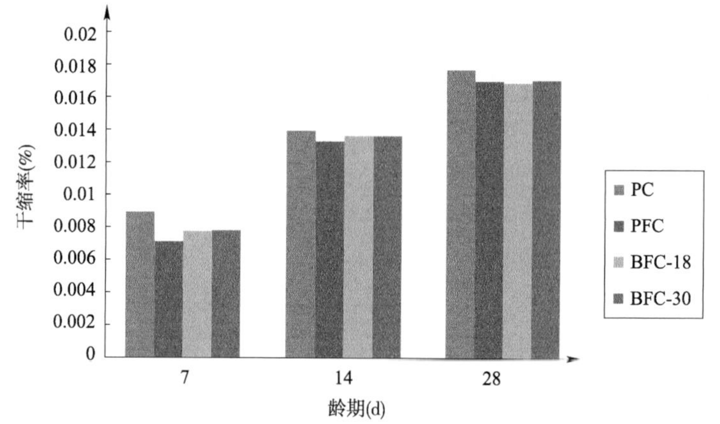

图5-1 各龄期组别的干缩率

从干缩试验结果可以看出：纤维对混凝土的收缩起到了一定的抑制作用，尤其在混凝土硬化时期及强度发展早期（大约混凝土成形后0～7d）较为显著，7d龄期聚丙烯纤维干缩率降低19.8%，但后期干缩率虽较基准混凝土仍有一定程度的降低，但并不显著；同一掺量情况下，聚丙烯纤维与两种玄武岩纤维（18mm 及 30mm）限制混凝土收缩强度的水平相当，聚丙烯纤维在早期稍微突出一些；两种长度的玄武岩纤维对混凝土收缩强度的抑制作用几乎无差别。

试验结果很好地证明了纤维对水泥基材料收缩的抑制作用。从机理来看，水泥石结构中交织的空间纤维体系有效阻碍了内部水分散失，并对混凝土收缩自应力起到了一定的分散作用，在微裂纹两端的纤维的桥接作用使得裂缝扩展受到一定的阻力，在宏观层面上就表现为收缩率的下降。

5.3.2 水泥混凝土抗折强度试验

各组水泥混凝土的抗折强度试验结果如表 5-4 和图 5-2 所示。

各组别抗折强度测试结果 表 5-4

组别	28d 抗折强度(MPa)	组别	28d 抗折强度(MPa)
PC	5.64	BFC-18	5.80
PFC	5.45	BFC-30	5.88

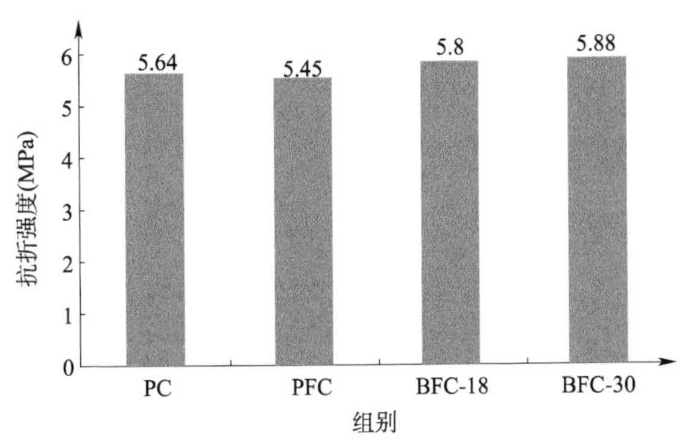

图 5-2 各组别 28d 抗折强度

从抗折强度试验结果来看：同一体积掺量，两种玄武岩纤维对混凝土强度有一定的提高作用，而聚丙烯纤维混凝土的强度略有下降;18mm、30mm 玄武岩纤维混凝土 28d 抗折强度较基准混凝土分别提高 2.8%、4.3%,聚丙烯纤维混凝土下降 3.4%。

考虑到试验误差及混凝土变异性,上述纤维混凝土强度的增减幅度并不能完全证实纤维的作用。相反,有相关研究表明,纤维可能会造成后期孔隙率的增加,逐步抵消了纤维丝在改善混凝土微观应力状况、纤维体系提高水泥石整体性和均匀性、纤维控制微裂纹衍生与发展等方面表现的积极作用。因此,纤维混凝土的设计必须兼顾正反两方面作用,尤其须注重对纤维的分散性及混凝土孔隙率的控制,以保证纤维混凝土的均匀性及密实性。

5.3.3 水泥混凝土抗压强度试验

按照《公路工程水泥及水泥混凝土试验规程》(JTG E30—2005)立方体抗压强度测试方法进行:试件尺寸 150mm×150mm×150mm,每组 3 个试件,标准条件下养护 28d;养护室取出试件时,应尽快试验,受压面应与成形面垂直,试件中心与压力机几何对中;压力机加载速度为 0.8~1.0MPa/s,试件接近破坏而开始迅速变形时,停止调整压力机油门,直至试件破坏,如图 5-3 所示。

图 5-3 混凝土立方体抗压强度测试

混凝土立方体试件抗压强度按下式计算:

$$f_{cu}=\frac{F}{A} \tag{5-1}$$

式中:f_{cu}——混凝土立方体抗压强度(MPa);

F——极限荷载(N);

A——受压面积(mm^2)。

以 3 个试件测值的算术平均值为测定值。若三个测值中的最大值或最小值中如有一个与中间值之差超过中间值的 15%,则取中间值为测定值;若最大值和最小值与中间值之差均超过中间值的 15%,则该组试验结果无效。

各组别混凝土 28d 抗压强度测试结果如表 5-5 和图 5-4 所示。

各组别抗压强度试验结果 表 5-5

组别	28d 抗压强度(MPa)	组别	28d 抗压强度(MPa)
PC	49.1	BFC-18	50.2
PFC	50.9	BFC-30	46.0

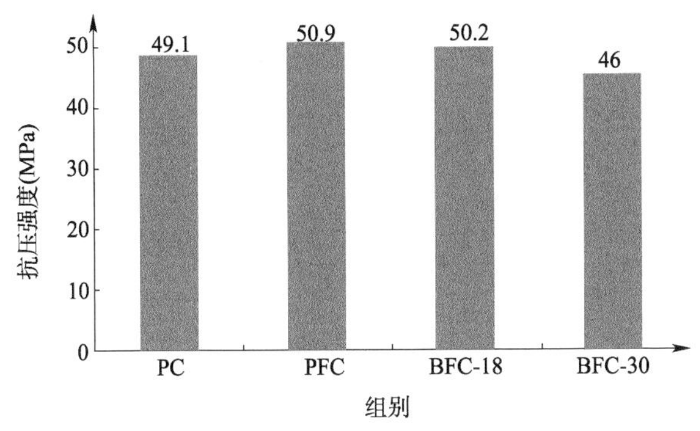

图 5-4 各组别 28d 抗压强度

从强度测试结果来看,纤维对混凝土抗压强度增强的贡献量较为有限。30mm 玄武岩纤维反而造成了混凝土抗压强度略微下降,聚丙烯纤维与 18mm 玄武岩纤维对混凝土抗压强度的提高均不足 1%,可认为三种纤维对混凝土的抗压强度作用不显著。

根据水泥混凝土抗压破坏机理,水泥混凝土的受压破坏主要为沿 45°角的剪切破坏。随着应力的不断增加,微裂纹逐渐扩展为宽裂缝,水泥浆体与集料剥离,并最终导致骨架体系的崩塌。掺入纤维后,一方面在某种程度上弱化了浆体与集料的黏结,另一方面也增加局部空隙,某种程度上促使了破坏面的贯通,故纤维反而削弱了混凝土抗压性能。但从试验结果来看,纤维混凝土抗压强度并没有出现显著的降低,其中还显现了一定的增强效果。可推测混凝土新拌时，纤维改善了和易性，使胶凝颗粒的水化反应更完全，降低离析引起的细观缺陷，并提高了混凝土体系的整体性。

纤维对抗弯拉性能比抗压性能有更为显著的提升作用，这说明纤维对混凝土这一脆性材料产生了增韧效应。折压比是反映混凝土复合材料韧性的一个指标，各组试件的折压比如图 5-5 所示。

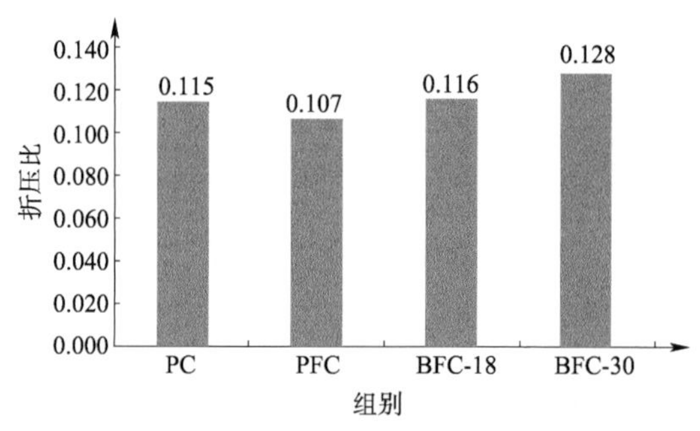

图 5-5 各组别折压比

由图 5-5 可看出，玄武岩纤维可提高混凝土材料折压比，而聚丙烯纤维降低了混凝土材料折压比，说明玄武岩纤维可有效提高水泥混凝土的韧性，尤其随着纤维长度加长，增韧效应愈明显。

5.3.4 水泥混凝土抗冲击性能试验

利用落锤式冲击试验评价各组水泥混凝土的抗冲击性能，试验结果如表 5-6 所示。

从表 5-6 可以看出，掺入纤维后，水泥混凝土的抵抗冲击破坏能力显著提升，玄武岩纤维组水泥混凝土的全过程试件破坏冲击能接近空白混凝土的 2 倍，而初裂后破坏能达到空白混凝土的 4 倍以上。其中，0. 10% 体积率玄武岩纤维混凝土的全过程冲击破坏能均大于聚丙烯纤维，而且试件初裂和终裂的冲击次数也远高于聚丙烯纤维,这说明玄武岩纤维比聚丙烯纤维更适宜提高水泥混凝土的抗冲击破坏性能。

落锤式冲击试验结果 表 5-6

组别	初裂冲击次数	终裂冲击次数	初裂、终裂冲击次数差	全过程试件破坏冲击能量(J)	初裂后试件破坏冲击能量(J)
PC	53	58	5	1179	102
PFC	60	84	24	1708	490
BFC-18	75	98	23	1992	466
BFC-30	81	102	21	2073	428

5.3.5 水泥混凝土抗渗性能试验

参照《公路工程水泥与水泥混凝土试验规程》(JTG E30—2005)中混凝土抗渗性能评级试验方法:试件为上口直径 175mm,下口直径 185mm,高 150mm 的锥台,每组 6 个试件;试件养护龄期不少于 28d,不超过 90d;试验前需将试件擦干表面,并用钢丝刷刷净两端面,待表面干燥后,对试件侧面进行胶泥(黄油与水泥拌和,质量比 9:1)密封处理;装入渗透模时,试件底面应与试模底平齐,方可装在渗透仪上进行试验。

试验时,水压从 0.1MPa 开始,每隔 8h 增加水压 0.1MPa,一直加至 6 个试件中有 3 个试件表面发现渗水,记下此时的水压力,即停止试验。混凝土的抗渗等级以每组 6 个试件中 4 个未发现有渗水现象时的最大水压力表示。抗渗等级按下式计算:

$$S = 10H - 1 \tag{5-2}$$

式中:S——混凝土抗渗等级;

H——第三个试件顶面开始有渗水时的水压力(MPa)。

混凝土抗渗等级分级为 S2、S4、S6、S8、S10、S12,若压力加至 1.2MPa,经过 8h,第三个试件仍未渗水,则停止试验,表明试件的抗渗等级超过 S12。试验过程中,若各组试件均超过 S12,则需按

图 5-6 渗水高度的测量

渗水高度来比较各组试件的抗渗性能。此时需将试件放在压力机上，沿纵断面将试件劈裂成两半，待看清水痕后(过 2 ~ 3min)描出渗水轮廓，如图 5-6 所示。

相对渗透系数的计算：

$$S_k = \frac{mD_m^2}{2TH} \tag{5-3}$$

式中：S_k——相对渗透系数(mm/s)；

D_m——平均渗水高度(cm)；

H——水压力，以水柱高度表示(cm)；

T——恒压经历时间(h)；

m——混凝土的吸水率，一般为 0.03。

试验中，渗透水压 1.2MPa 稳压 8h 后，4 组试件顶面均未出现渗水，表明试件抗渗等级均达到 S12。将试件从渗透模中取出，沿纵断面将试件劈裂成两半，比较平均渗水高度，每个试件取 10 个测点，每组取 6 个试件的平均值。

渗透试验结果如表 5-7 所示。相对渗透系数的计算中，水压力取值采用加压过程中的平均水压，即$\frac{0.1+1.2}{2}=0.65\text{MPa}$。

试验结果表明各种混凝土抗渗等级均超过 S12，密实性良好，尤其是连通孔隙的数量低，最大限度地阻断了有压水流的渗透路径向混凝土内部的延伸。纤维混凝土的抗渗透能力较空白混凝土有所降低，但上述试验中，渗水高度仍未超过试件高度的一半，表明纤维的掺入仍能保证混凝土的密实性，有效阻断有压力的渗透作用。纤维混凝土渗水高度增加，可推测试件成形振捣过程中，部分纤维随砂浆“上浮”，影响了该区域内纤维—水泥石结构的均匀性，孔隙数量随之增加，三种不同纤维混凝土的抗渗性能差异也取决于纤维分散状况对水泥石结构密实性的影响。

各组别抗渗试验结果　　表 5-7

组别	平均渗水高度(cm)	相对渗透系数($\times 10^{-8}$)
PC	1.5	5.30
PFC	4.9	56.58
BFC-18	2.5	14.73
BFC-30	5.4	68.72

5.3.6 水泥混凝土冻融循环试验

参照《公路工程水泥与水泥混凝土试验规程》(JTG E30—2005)中混凝土抗冻性试验法(快冻法):试件尺寸 100mm × 100mm × 400mm,每组 3 个试件;试件养护龄期一般为 28d,在规定龄期的前 4d,将试件放在 20℃ ±2℃ 的饱和石灰水中浸泡至试验前,取出擦干,水面应高出试件 20mm 以上;按试验规程 T 0564《水泥混凝土动弹性模量试验方法(共振仪法)》测横向基频,并称质量,作为评定抗冻性的起始值,并做必要的外观描述。

冻融循环要求:每次冻融循环应在 2 ~ 5h 完成,基中用于融化的时间不得小于整个冻融时间的 1/4;在冻结和融化终了时,试件中心温度应分别控制在 -18℃ ±2℃ 和 5℃ ±2℃;冻和融之间的转换时间不应超过 10min;试验箱内,各个位置上的每个试件从 3℃ 降至 -16℃ 所用的时间,不得少于整个受冻时间的 1/2,每个试件从 -16℃ 升至 3℃ 所用的时间也不得少于整个融化时间的 1/2,试件内外温差不宜超过 28℃。

每隔 25 次冻融循环对试件进行一次横向基频的测试并称重。测试时,将试件从试件盒中小心取出,冲洗干净,擦去表面水,进行称重及横向基频的测定,并做必要的外观描述。测试完毕后,将试件调头重新装入试件盒中,注入清水,继续试验。试件在测试过程中,应防止失水,待测试件须用湿布覆盖。试件的相对动弹性模量下降至 60% 以下或质量损失率达 5% 或冻融循环 300 次时,可停止试验。

相对动弹性模量 P 按下式计算：

$$P=\frac{f_n^2}{f_0^2}\times 100\% \tag{5-4}$$

式中：P——经 n 次冻融循环后试件的相对动弹性模量（%）；

f_n——冻融 n 次循环后试件的横向基频（Hz）；

f_0——试验前试件的横向基频（Hz）。

以 3 个试件的平均值为试验结果，结果精确至 0.1%。试验结果如表 5-8 和图 5-7 所示。

混凝土快冻试验相对动弹性模量结果 表 5-8

组别 \ 冻融次数	0	25	50	75	100	125	150	175	200	225	250	275	300
PC	100	99.75	98.73	96.87	92.67	84.27	73.31	58.09					
PFC	100	99.60	99.12	97.63	95.63	92.98	90.16	86.02	80.33	76.18	73.45		
BFC-18	100	98.23	97.72	97.24	97.09	95.75	95.14	93.69	90.76	90.61	90.40	89.77	89.21
BFC-30	100	99.88	99.35	98.95	98.08	97.88	96.62	94.84	93.11	92.20	91.85	91.49	90.07

从图 5-7 中可以看出，随着冻融循环作用次数增加，各混凝土试件的相对动弹性模量不断下降。水分由外及里逐渐渗入混凝土内部，冻融循环作用初期，PC 组空白混凝土由于表面光滑、孔洞少，相对动弹性模量损失小；而纤维增强混凝土由于表面粗糙，特别是 PFC 组聚丙烯纤维分散性差，相当一部分积聚在试件表面，气孔数量增加，提高了外界水渗入试件表层的可能性，初期冻胀作用较空白混凝土明显。

混凝土冻融破坏的发生与水分渗流紧密不分。水分由混凝土表面孔隙开始进入混凝土内部，水泥浆的气孔在吸水后结冰膨胀，表面硬化水泥浆体在膨胀压力下剥落，气孔尺寸增大，相邻气孔开始贯通，形成水分渗流通道，并进一步加剧成裂缝，内部缺陷愈演愈烈直至失去强度而破坏。随着冻融循环次数的增加，PC

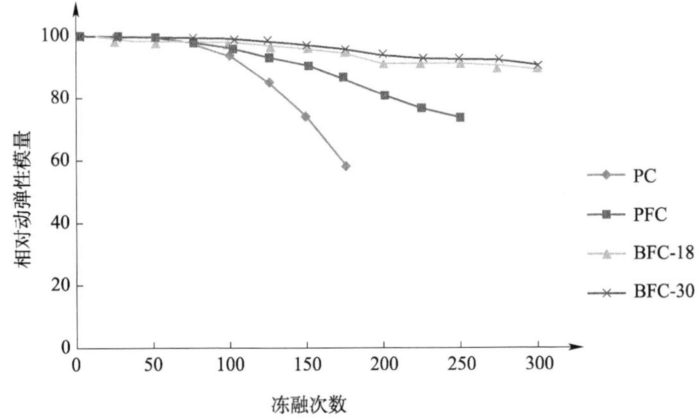

图 5-7　相对动弹模量变化趋势

组试件相对动弹性模量逐渐下降，冻融循环至 50 次时开始急速下降，未到 200 次循环已经发生破坏（按规范标准，相对动弹性模量下降到 75% 以下可认定为冻融破坏），表面剥落非常严重。PFC 组试件情况稍好，冻融循环 250 次方达到破坏状态，相对动弹性模量下降较为缓和。而 BFC-18 组、BFC-30 组玄武岩纤维混凝土试件表现出优异的抗冻性能，直至规范规定的循环次数完成时，仍保持良好的外观特征，相对动弹性模量高达 90%，在冻融循环 75 次时，其相对动弹性模量大于前两组，并将差距进一步拉大，在冻融循环作用下性能稳定可靠。试件冻融破坏前后对比如图 5-8 所示。

由此判定，纤维可大幅改善水泥混凝土的抗冻性能，而玄武岩纤维的改善效果尤其显著。

5.3.7　混凝土疲劳性能试验

试验研究了纤维混凝土的抗弯拉疲劳性能，具体做法如下：试件尺寸 100mm × 100mm × 400mm；疲劳应力水平分别为 0.6、0.7、0.8、0.9，各组每个应力水平有 2 ~ 3 个试件；加载方式与小梁抗折强度测试方法相同，采用三分两点加载法，如图 5-9 所示；加载频率为 5～10Hz，荷载波为标准正弦波，最小荷载为最大荷载的 1/10。

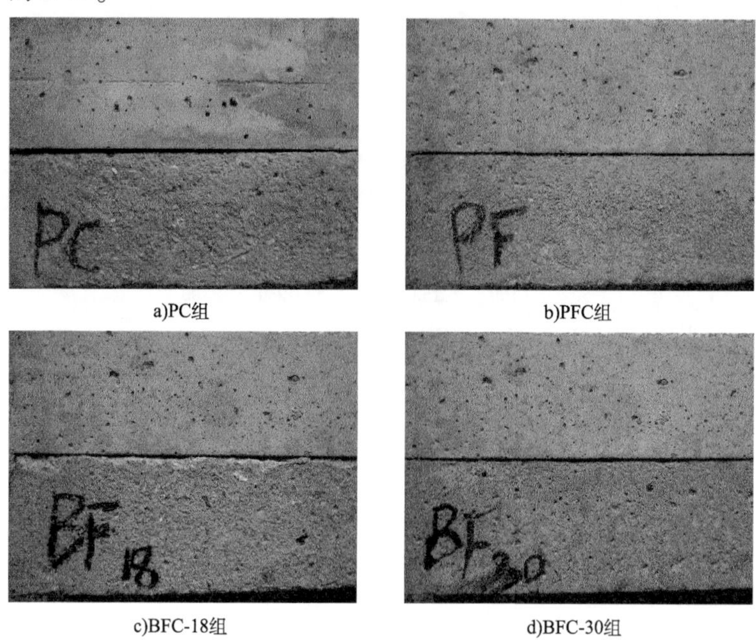

a)PC组　b)PFC组

c)BFC-18组　d)BFC-30组

图 5-8　试件冻融破坏前后对比

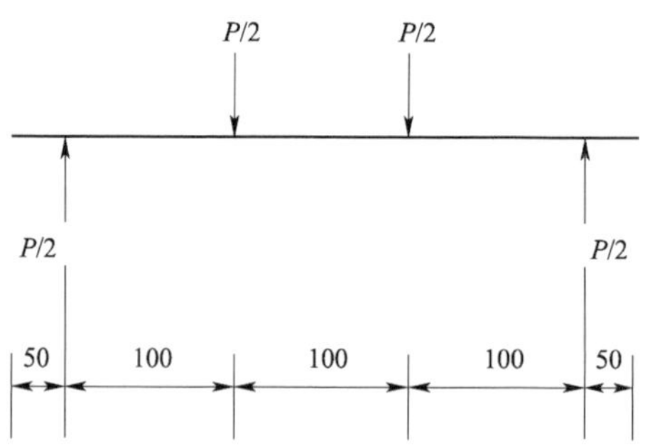

图 5-9　小梁弯曲疲劳试验加载(尺寸单位:mm)

疲劳试验前先进行静载试验，按照抗折强度测试方法测得小梁试件极限弯拉强度，以此乘以相应的疲劳应力水平系数得到相应的疲劳荷载；试验时，将试件安装于疲劳试验机固定支架上，预加载数十次方开始计算疲劳次数，以保证支架与试件的稳定接触，减少误差。试验结果如表 5-9 所示。

小梁弯曲疲劳试验结果 表 5-9

<table>
<tr><th>试件类型</th><th>最大极限弯曲应力(MPa)</th><th>应力幅值</th><th>疲劳次数(×10⁴)</th><th>备注</th></tr>
<tr><td rowspan="4">PC</td><td rowspan="4">5.64</td><td>0.60</td><td>13.25</td><td rowspan="4"></td></tr>
<tr><td>0.70</td><td>1.03</td></tr>
<tr><td>0.80</td><td>0.19</td></tr>
<tr><td>0.90</td><td>0.05</td></tr>
<tr><td rowspan="5">PFC</td><td rowspan="5">5.45</td><td>0.60</td><td>208.43</td><td rowspan="5"></td></tr>
<tr><td>0.70</td><td>34.15</td></tr>
<tr><td>0.75</td><td>13.70</td></tr>
<tr><td>0.80</td><td>2.21</td></tr>
<tr><td>0.90</td><td>0.35</td></tr>
<tr><td rowspan="4">BFC-18</td><td rowspan="4">5.80</td><td>0.60</td><td>250</td><td rowspan="8">未破坏</td></tr>
<tr><td>0.70</td><td>49.31</td></tr>
<tr><td>0.80</td><td>5.79</td></tr>
<tr><td>0.9</td><td>0.42</td></tr>
<tr><td rowspan="4">BFC-30</td><td rowspan="4">5.88</td><td>0.60</td><td>153.50</td></tr>
<tr><td>0.70</td><td>12.93</td></tr>
<tr><td>0.80</td><td>2.79</td></tr>
<tr><td>0.85</td><td>1.25</td></tr>
</table>

从试验结果可以看出，纤维混凝土耐受疲劳循环作用次数（即疲劳寿命）增加数倍至十数倍。其中，18mm 玄武岩纤维混凝土的抗疲劳性能最为优越，聚丙烯纤维混凝土次之，30mm 玄武岩纤维混凝土优于普通水泥混凝土。这表明，纤维能显著提高混凝

土的抗疲劳性能。

纤维混凝土的抗疲劳作用优异主要表现在两个方面:首先,纤维的掺入提高了纤维混凝土材料的疲劳极限强度;其次,纤维改善了水泥石微观结构,数量庞大的纤维丝空间结构对水泥石骨架起到了固定作用,纤维桥接作用又限制了混凝土的微裂纹的扩展,从而提高了混凝土的疲劳性能。

5.4 本章小结

结合水泥混凝土路面的使用功能要求,试验研究了水泥混凝土的承载能力和耐久性两方面性能,进行了多种纤维混凝土的收缩试验、抗压强度试验、抗折强度试验、抗冲击试验、抗渗水试验、抗冻性试验及疲劳试验。各项试验结果表明,玄武岩纤维的加入对提高水泥混凝土的整体性能有显著作用,得到以下有益的结论:

(1)干缩性能方面,相对于空白混凝土,玄武岩纤维可抑制混凝土干缩超过10%,早期的作用更为显著。

(2)强度性能方面,玄武岩纤维对水泥混凝土的抗折强度有一定提升作用,对抗压强度的增强效果不显著,甚至有一定的削弱作用,但较聚丙烯纤维混凝土性能优异。此外,玄武岩纤维对混凝土早期强度,尤其是水泥砂浆早期强度(7d)的提升作用更显著。

(3)耐久性能方面,玄武岩纤维对混凝土抗冻性能有明显的提高,对混凝土的抗渗性能有一定影响,但纤维水泥混凝土的抗渗级别并未发生变化;玄武岩纤维混凝土的“增韧”效应显著,抗冲击试验与疲劳试验充分显示了其抵抗动荷载作用的优越能力,是未添加纤维水泥混凝土的数倍乃至十几倍。

(4)玄武岩纤维在对水泥混凝土部分性能不产生负面作用的情况下,实现了复合材料整体性能的提高,且在抗冲击性能方面有卓越表现。因此,在水泥混凝土路面中应用玄武岩纤维,可提升路面质量,延长其使用寿命。

6 玄武岩纤维混凝土路面板受力分析

6.1 刚性路面板有限元模型的建立

6.1.1 有限单元法概述

有限元分析(FEA,Finite Element Analysis)的基本概念是用较简单的问题代替复杂问题后再求解,它将求解域看成是由许多称为有限元的小的互连子域组成,对每一单元假定一个合适的(较简单的)近似解,然后推导求解这个域总的满足条件,从而得到问题的解。这个解不是准确解,而是近似解。由于大多数实际问题难以得到准确解,而有限元法不仅计算精度高,而且能适应各种复杂形状,因而成为行之有效的工程分析手段。

有限元的概念早在几个世纪前就已产生并得到了应用,如用多边形(有限个直线单元)逼近圆来求得圆的周长。有限元法最初被称为矩阵近似方法,应用于航空器的结构强度计算,并由于其方便性、实用性和有效性而引起从事力学研究的科学家的浓厚兴趣。经过短短数十年的努力,随着计算机技术的快速发展和普及,有限元方法迅速从结构工程强度分析计算扩展到几乎所有的科学技术领域,成为一种应用广泛并且实用高效的数值分析方法。

有限元分析软件目前最流行的有 ANSYS、ADINA、ABAQUS、MSC 4 个知名度较大的公司。其中,ABAQUS 被业内广泛认定为功能最强的有限元软件,可以分析复杂的固体力学结构系统,特别是能够驾驭非常庞大复杂的问题和模拟高度非线性问题。本次力学分析借助 ABAQUS 有限元软件。

6.1.2 有限单元法静力分析理论

对于连续几何体的三维有限元静力分析,其基本过程如下:

(1)对连续几何体的离散(即划分网格):

$$\boldsymbol{\Omega} = \sum \boldsymbol{\Omega}^e \tag{6-1}$$

式中:$\boldsymbol{\Omega}^e$——单元。

(2)单元特性分析:

分析单元的特性,以形成单元刚度矩阵和节点荷载矩阵,具体包括:

①节点自由度(位移)矩阵:$\boldsymbol{q}^e$。

②选择位移模式。

③由节点条件确定位移模式中的待定系数,推导出形函数矩阵:

$$\boldsymbol{u}^e = \boldsymbol{N}^e(x,y,z) \cdot \boldsymbol{q}^e \tag{6-2}$$

式中:$\boldsymbol{N}^e$——形函数矩阵。

④单元应变场的表达(由几何方程得到):

$$\boldsymbol{\varepsilon}^e = [\partial]\boldsymbol{N}^e \cdot \boldsymbol{q}^e = \boldsymbol{B}^e \cdot \boldsymbol{q}^e \tag{6-3}$$

式中:$[\partial]$——几何方程算子;

$\boldsymbol{B}^e$——几何矩阵。

⑤单元应力场的表达(由物理方程得到):

$$\boldsymbol{\sigma}^e = \boldsymbol{D}^e\boldsymbol{\varepsilon}^e = \boldsymbol{D}^e\boldsymbol{B}^e\boldsymbol{q}^e = \boldsymbol{S}^e \cdot \boldsymbol{q}^e \tag{6-4}$$

式中:$\boldsymbol{D}^e$——弹性系数矩阵;

$\boldsymbol{S}^e$——应力矩阵。

⑥单元势能的表达:

$$\begin{aligned} \Pi^e &= \frac{1}{2}\int_{\boldsymbol{\Omega}^e} \boldsymbol{\sigma}^e \boldsymbol{\varepsilon}^e \mathrm{d}\boldsymbol{\Omega} - \left[\int_{\Omega^e} \bar{\boldsymbol{b}}^{\mathrm{T}} \boldsymbol{u}^e \mathrm{d}\boldsymbol{\Omega} + \int_{S_P^e} \bar{\boldsymbol{p}}^{\mathrm{T}} \boldsymbol{u}^e \mathrm{d}\boldsymbol{\Omega}\right] \\ &= \frac{1}{2}\boldsymbol{q}^{e^{\mathrm{T}}}\boldsymbol{K}^e\boldsymbol{q}^e - \boldsymbol{P}^{e^{\mathrm{T}}} \cdot \boldsymbol{q}^e \end{aligned} \tag{6-5}$$

$$\boldsymbol{K}^e = \int_{\Omega^e} \boldsymbol{B}^{e\mathrm{T}} \boldsymbol{D}^e \boldsymbol{B}^e \mathrm{d}\boldsymbol{\Omega} \tag{6-6}$$

$$P^e = \int_{\Omega^e} \boldsymbol{N}^{e\mathrm{T}} \bar{\boldsymbol{b}} \mathrm{d}\boldsymbol{\Omega} + \int_{S_p^e} \boldsymbol{N}^{e\mathrm{T}} \bar{\boldsymbol{p}} \mathrm{d}\boldsymbol{\Omega} \tag{6-7}$$

对单元势能，应用最小势能原理，可得到单元的平衡关系：

$$\boldsymbol{K}^e \boldsymbol{q}^e = \boldsymbol{P}^e \tag{6-8}$$

式中：$\boldsymbol{K}^e$——单元刚度矩阵；

$\boldsymbol{P}^e$——单元节点力矩阵；

$\bar{\boldsymbol{b}}$——体积力向量；

$\bar{\boldsymbol{p}}$——面积力向量。

(3)离散单元的装配和集成：

几何的集成

$$\sum \boldsymbol{\Omega}^e = \boldsymbol{\Omega} \tag{6-9}$$

节点位移的集成

$$\boldsymbol{q} = \sum \boldsymbol{q}^e \tag{6-10}$$

刚度矩阵的集成

$$\boldsymbol{K} = \sum \boldsymbol{K}^e \tag{6-11}$$

节点外荷载的集成

$$\boldsymbol{P} = \sum \boldsymbol{P}^e \tag{6-12}$$

形成整体刚度矩阵

$$\boldsymbol{K} \cdot \boldsymbol{q} = \boldsymbol{P} \tag{6-13}$$

(4)处理边界条件并且求解节点位移。

(5)求解单元内的应变、应力。

6.1.3 单板有限元分析模型

1)依托工程路面结构资料

为确保有限元计算分析符合设计要求，模型的建立以实体工程项目路面结构层设计资料为基础。

(1)设计资料中，路面结构层组合如表6-1所示。

路面结构层组合设计 表 6-1

层位	材料	厚度（cm）	参考模量（MPa）	模型取值（MPa）	模型泊松比
面层	水泥混凝土	28	29000 ~ 33000	30000	0.15
上基层	贫混凝土	18	18000 ~ 25000	25000	0.2
下基层	水泥稳定碎石	18	1300 ~ 1700	1500	0.25
垫层	级配碎石	18	200 ~ 250	200	0.3
路基	压实土	—	30 ~ 50	40	0.35

(2)设计资料中,路面板平面尺寸为 4.5m × 5m;纵向接缝为拉杆平缝,拉杆 ϕ16 螺纹钢筋,间距 50cm;横向接缝为传力杆假缝,ϕ35 光圆钢筋,间距 30cm。

2)模型简化与验证

(1)模型的合理简化。

①轮载采用标准胎压 0.7MPa;双轮荷载作用面积依据等效原则简化为双方形 22.77cm × 15.68cm;同侧轮迹中心间距按规范取 1.5 倍双圆荷载当量圆直径 d(21.3cm),即 31.98cm;异侧轮迹中心间距按规范取 D = 180cm。

②地基为有限大尺寸,但较面板尺寸大。

③材料各向同性均质,完全弹性,不计自重。

④层间接触条件为完全连续。

⑤不计钢筋的增强作用。

⑥不计集料嵌锁产生的传荷作用。

⑦地基四周为水平位移限制边界条件,地基底部为固定边界条件。

(2)模型的验证

依据我国水泥混凝土路面设计方法《公路水泥混凝土路面设计规范》(JTG D40—2002),在单轴双轮组 100kN 标准轴载作用下的弹性半空间地基有限大矩形薄板理论基础上,计算路面板纵缝边缘荷载应力,依此与模型计算荷载应力进行对比。

3)模型参数的确定

(1)模型试算

考虑到上基层贫混凝土刚度较大、板体性强,验证时无法确定采用何种经验拟合公式,有必要按照两种公式进行验算。

地基模型采用扩大尺寸 2m、深度 5m,采用二次减缩积分单元,模型计算结果如表 6-2 所示。

面板层底荷载应力计算对比 表 6-2

模型计算结果	0.409MPa
单层板计算公式	0.730MPa
双层板计算公式	0.316MPa

从表 6-2 可以看出,无论用单层板理论计算还是用双层板理论计算,模型计算结果与规范公式计算结果均出现了一定的偏差。这主要是因为贫混凝土上基层刚度大、板体性强,不适合规范中单层板理论的经验拟合公式;贫混凝土上基层的模量比混凝土面层低 35%,厚度显著小于混凝土面层,故与双层板理论的经验拟合公式的计算结果也存在偏差。

(2)确定地基尺寸

模型试算时,考虑由于贫混凝土上基层的存在无法确定合适的验证方法,将贫混凝土假想成相应厚度的水泥稳定碎石层,与规范单层板理论计算结果进行拟合。

确定地基尺寸大小时,平面选取扩大尺寸 1m、2m、3m 和 5m 四种,深度选取 5m、10m 两种,各地基模型荷载应力值比较如表 6-3 所示。

计算结果表明:模型计算值与规范计算值较为相近,模型是合理的;地基深度的影响程度要显著低于地基扩大尺寸的影响;当地基扩大尺寸增加到一定值后,对面板层底荷载计算应力的影响不大。综上,可取地基平面扩大尺寸 5m、深度 5m。

(3)确定单元类型与网格划分密度

地基采用 5m 平面扩大尺寸,深度为 5m。已有研究表明,板厚较大时,面板不宜采用壳单元,故考虑首选实体单元。为选择合适的单元类型,另增加考虑线性减缩积分实体单元(C3D8R),地基网格划分密度分别选定为0.5m、0.4m和0.3m,计算结果如表6-4所示。

各地基模型荷载应力值比较 表6-3

地基平面扩大尺寸(m)	地基深度(m)	面板层底荷载计算应力规范值(MPa)	面板层底荷载计算应力模型计算值(MPa)	误差(%)
1	5	0.805	0.722	10.3
2			0.719	10.7
3			0.735	8.7
5			0.741	8.0
1	10		0.879	9.2
2			0.732	9.1
3			0.736	8.6
5			0.742	7.8

注:以上模型均采用二次减缩积分实体单元(C3D20R),网格划分尺寸相同,均为面板0.28m,地基0.5m。

不同单元类型、不同网格密度的模型荷载应力计算结果

表6-4

单元类型	网格密度(m)	规范值(MPa)	模型荷载应力(MPa)	误差(%)
C3D8R	0.5	0.805	-0.203	异常
	0.4		-0.227	异常
	0.3		-0.234	异常
C3D20R	0.5		0.741	8.0
	0.4		0.781	3.0
	0.35		0.759	5.7

计算结果表明,线性减缩积分单元出现了异常值,模型应采

用二次减缩积分单元(C3D20R);地基网格密度度划分方面,0.4m相比于0.5m与规范值的误差显著降低,只有3.0%,0.35m精度也有所提高,但占用计算机资源太大,在之后的分析模型中,地基网格划分密度均采用0.4m。

(4)原路面结构层组合模型

考虑依托工程实际路面结构,依据上述有限元模型确定原则,建立如图6-1所示的有限元模型。

为确定模型的稳定性,比较增加地基平面扩大尺寸及增大网格划分密度后计算荷载应力值的大小,如表6-5所示。

不同地基平面扩大尺寸、不同网格划分密度的面板层底计算荷载应力值 表6-5

地基平面扩大尺寸(m)	地基网格密度(m)	计算荷载应力值(MPa)
2	0.5	0.409
5	0.5	0.333
5	0.4	0.237
5	0.35	0.266
10	0.5	0.389
10	0.4	0.233

计算结果表明,地基平面扩大尺寸5m计算结果与10m较为接近;地基网格密度0.4m与0.5m相比,计算结果的收敛趋势更为显著,且与0.35m计算结果较为接近。综上考虑,确定该模型计算结果是稳定的,地基尺寸保持5m×5m×5m,单元类型采用二次减缩积分单元,地基网格密度采用0.4m。

(5)误差分析

从模型计算结果与规范计算结果比较可知,模型计算值与规范计算值(即使是双层板理论)误差较大,超过了规范计算值的10%~20%。分析误差来源,除了模型的一些理想假设条件以及有限元计算固有误差原因外,很大程度上归因于路面结构实际情况与规范模型拟合公式并不完全相符,贫混凝土上基层刚度大、厚度大,均会影响面板受力。从有限元计算理论的同一性考虑,本书建立的有限元模型是合理的,计算结果更加可信。

6.1.4 多板有限元分析模型

在单板有限元分析模型的基础上,考虑横向、纵向接缝的传荷能力,建立多板有限元分析模型,如图6-2所示。

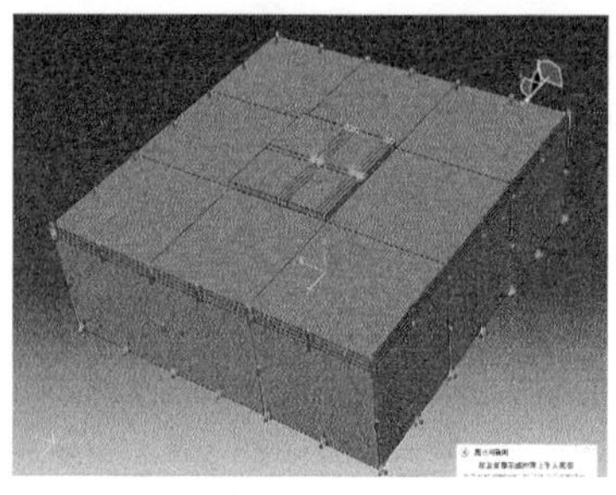

图6-1 依托工程路面模型(单板)

图6-2 原路面模型(多板)

在纵缝边缘中部作用汽车荷载时,横缝邻板的最大荷载应力大小较作用板低一个数量级,且汽车荷载至多作用相邻两块板,故只考虑邻板传荷能力的影响(即四块板)。

6.1.5 路面力学计算指标

将上述多板模型导入ABAQUS软件中,进行分析计算得出各结构层最大荷载应力列于表6-6中。

各结构层最大荷载应力(单位:MPa) 表6-6

结 构 层	最大荷载应力
面层(水泥混凝土)	0.276
上基层(贫混凝土)	0.371
下基层(水泥稳定碎石)	0.045
垫层(级配碎石)	0.006
土基	≈0.00002

从最大荷载应力的计算结果看出,贫混凝土层的荷载应力大

于水泥混凝土面层，以下各层的荷载应力远低于该两层。因此，考核指标除面层最大荷载应力及最大挠度以外，增加考核贫混凝土层的荷载应力。

6.2 刚性路面受力有限元分析

6.2.1 临界荷位的确定

考虑汽车荷载作用于面板的不同位置时，有三种可能产生最大荷载应力的不利荷位，即纵缝边沿中部、板角、板中，如图 6-3 所示。

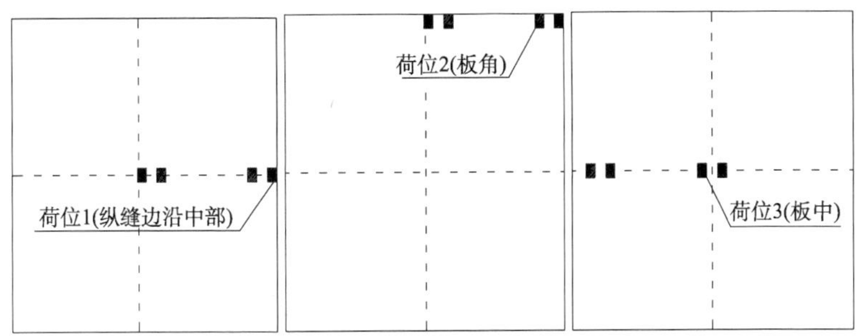

图 6-3　最不利荷位

分析上述三种不利荷位的最大荷载应力及最大挠度，结果如图 6-4 和表 6-7 所示。

面层层底最大挠度与面层、上基层层底最大荷载应力　表 6-7

荷　位　号	1	2	3
面层层底最大挠度(mm)	0.210	0.184	0.324
面层层底最大荷载应力(MPa)	0.237	0.209	≈0(最大荷载应力在顶面,0.194MPa)
上基层层底最大荷载应力(MPa)	0.384	0.320	0.878

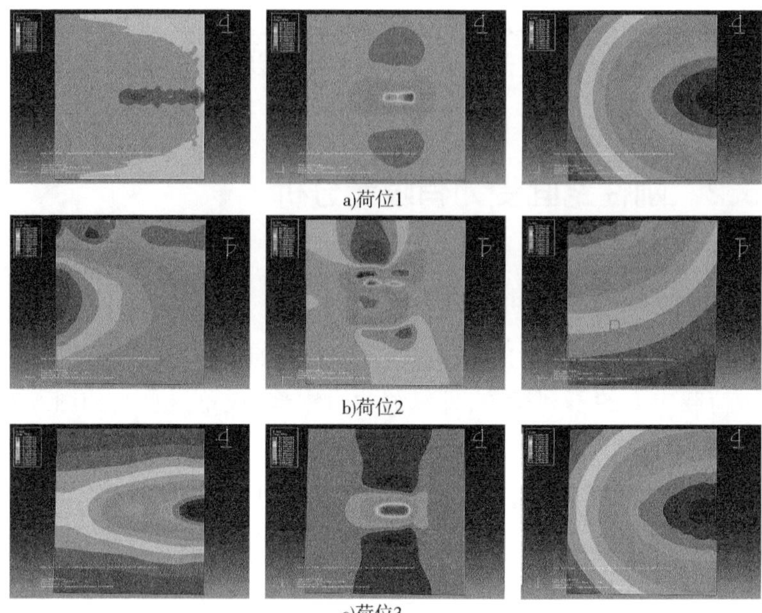

a)荷位1

b)荷位2

c)荷位3

图 6-4 面层层底荷载应力云图—上基层层底荷载应力云图—面层层底位移云图

由表 6-7 计算结果推断,当荷载作用于纵缝边沿中部时,层底荷载应力最大,即临界荷位是纵缝边沿中部。

6.2.2 结构参数敏感性分析

1)水泥混凝土面层厚度敏感性

混凝土面层厚度分别取 24m、26cm 、28cm、30cm、32cm 时,不同面层厚度对应最大挠度以及面层层底、上基层层底最大荷载应力如图 6-5 与图 6-6 所示。

随着面层厚度的增加,路面面层层底最大荷载应力相应增加,而上基层层底最大荷载应力相应降低,面板最大挠度也相应减小,上述变化基本呈现线性特征。从值变化范围来看,随着厚度增大,面层层底与上基层层底最大荷载应力之差趋于零,这是符合力学特征的。

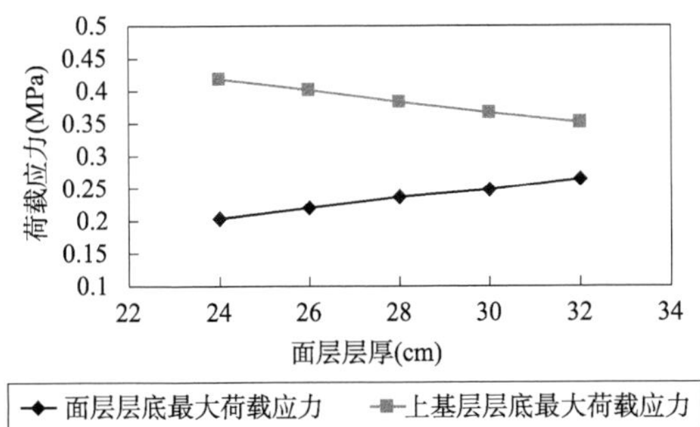

图 6-5　不同面层厚度时的荷载应力

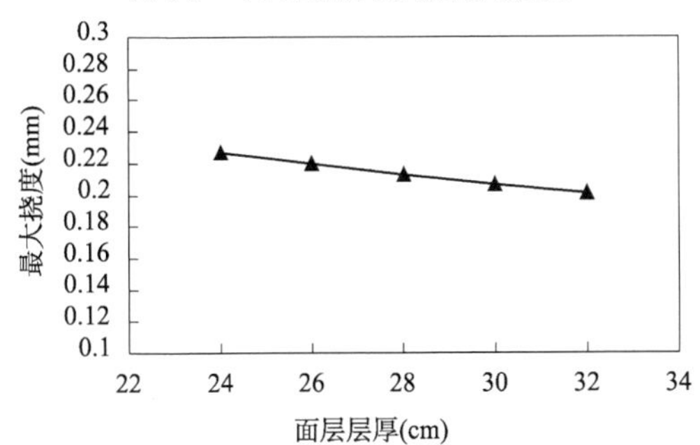

图 6-6　不同面层厚度时的最大挠度

2)贫混凝土上基层厚度敏感性

贫混凝土层厚度分别取 12m、15cm 、18cm、21cm、24cm 时,不同贫混凝土层厚对应最大挠度以及面层层底、上基层层底最大荷载应力如图 6-7 与图 6-8 所示。

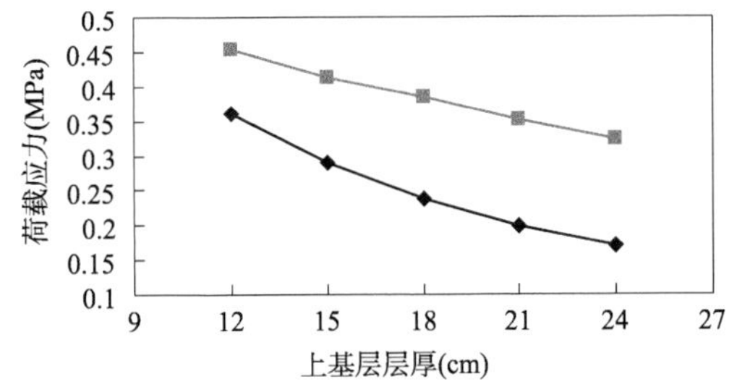

图 6-7　不同上基层厚度时的荷载应力

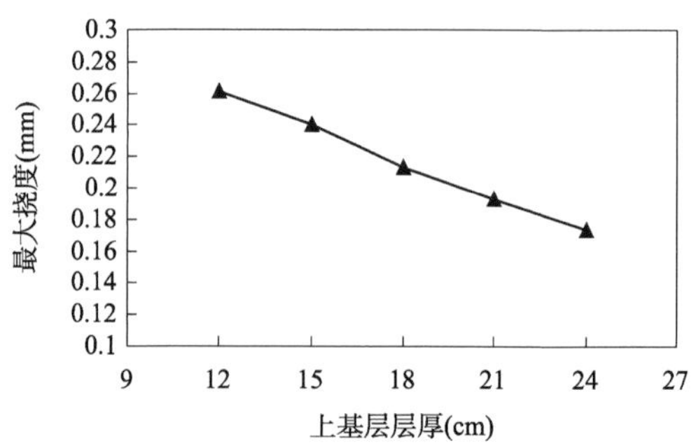

图 6-8　不同上基层厚度时的最大挠度

随着上基层层厚的增加，路面面层层底最大荷载应力、上基层层底最大荷载应力及面板最大挠度均相应降低，最大挠度值变化基本呈现线性特征。从值变化范围来看，上基层厚度对面层层底最大荷载应力、上基层层底最大荷载应力及面板最大挠度均影响较大。

3)水泥混凝土材料模量敏感性

水泥混凝土材料模量分别取 26GPa、28GPa、30GPa、32GPa、34GPa，不同面层模量对应最大挠度以及面层层底、上基层层底最大荷载应力如图 6-9 与图 6-10 所示。

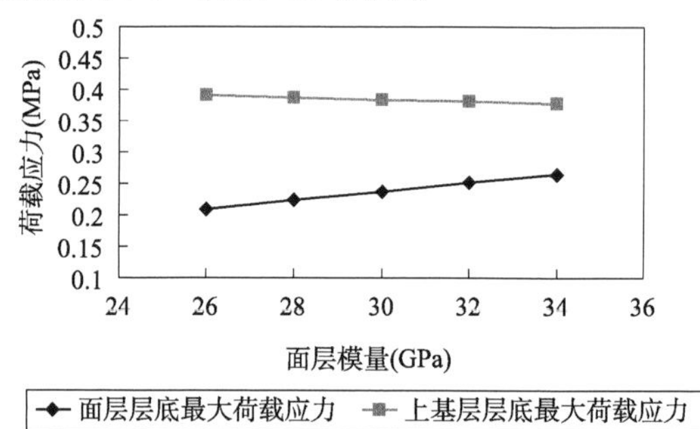

图 6-9　不同面层模量时的荷载应力

随着面层模量的增加，路面面层层底最大荷载应力相应增加，而上基层层底最大荷载应力及面板最大挠度基本不变。因此，如果能够降低面层模量但维持其抗弯拉强度不变，对水泥混凝土的受力是十分有利的。

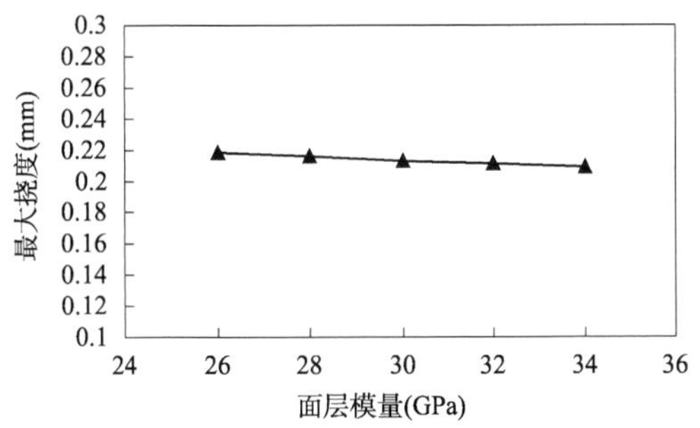

图 6-10　不同面层模量时的最大挠度

4)贫混凝土材料模量敏感性

贫混凝土材料模量分别取 16GPa、18GPa、20GPa、22GPa、24GPa,不同贫混凝土模量对应路面最大挠度以及面层层底、上基层层底最大荷载应力如图 6-11 和图 6-12 所示。

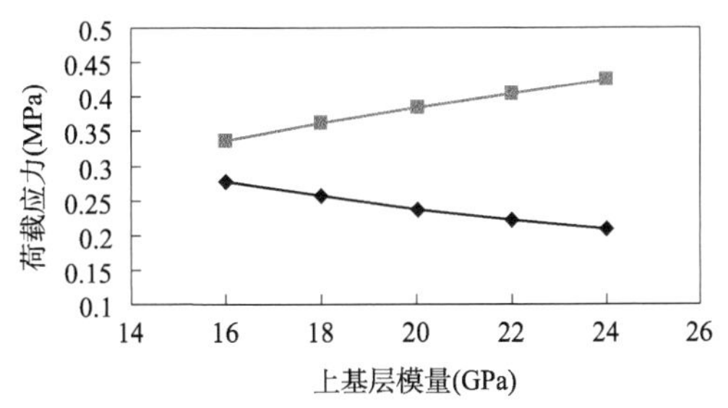

图 6-11　不同上基层模量时的荷载应力

随着上基层模量的增加,路面面层层底最大荷载应力相应降低,而上基层层底最大荷载应力相应增加,面板最大挠度也相应减小,应力和挠度变化基本呈现线性特征。从应力值变化范围来看,随着上基层模量进一步增大,面层层底最大荷载应力趋于受压状况,这符合复合结构的受力特征。

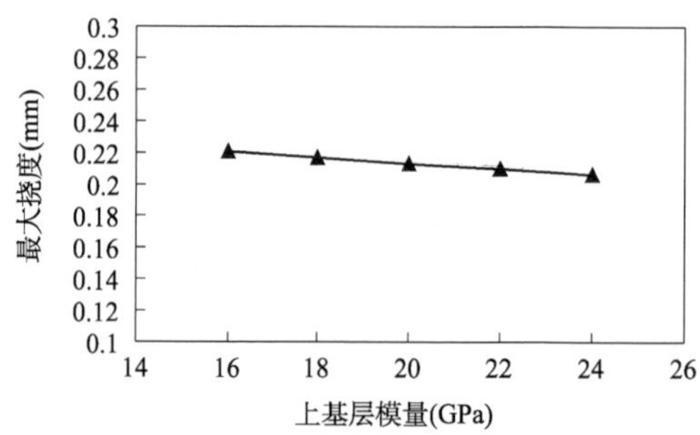

图 6-12　不同上基层模量时的最大挠度

5)水泥稳定碎石模量敏感性

水泥稳定碎石材料模量分别取 1250MPa、1500MPa、1750MPa、2000MPa、2250MPa,不同下基层模量对应最大挠度以及面层层底、上基层层底最大荷载应力的影响如图 6-13 和图 6-14 所示。

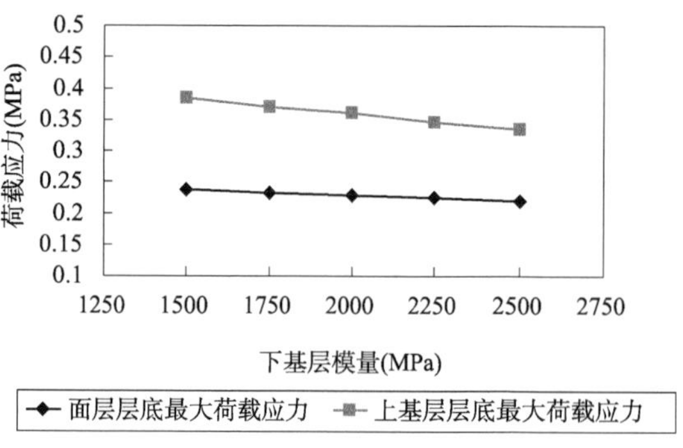

图 6-13　不同下基层模量时的荷载应力

随着下基层模量的增加,上基层层底最大荷载应力相应降低,而面层层底最大荷载应力与面板最大挠度基本不变。下基层模量对面层层底最大荷载应力与面板最大挠度值影响较小,对上基层的受力有较大影响。

6)土基模量敏感敏感性

土基模量分别取 30MPa、40MPa、50MPa、80MPa、100MPa 时,不同土基模量对应面板最大挠度以及面层层底、上基层层底最大荷载应力如图 6-15 和图 6-16 所示。

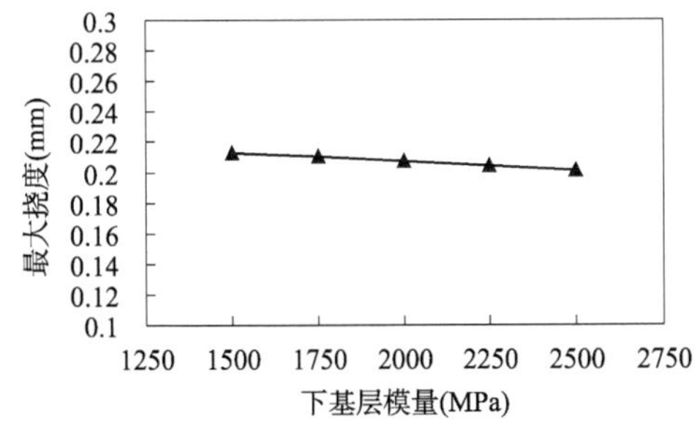

图 6-14　不同下基层模量时的最大挠度

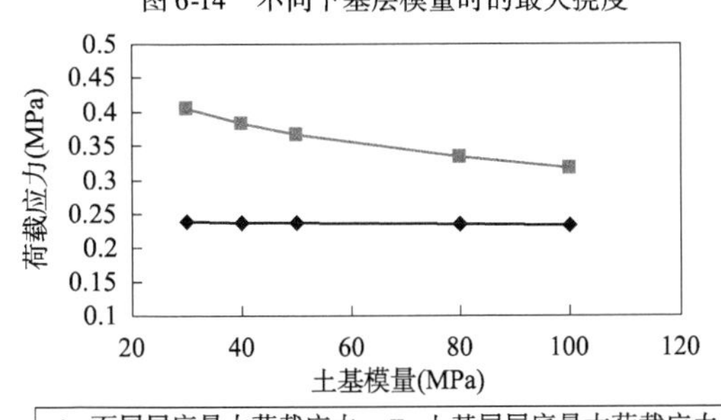

图 6-15　不同土基模量时的荷载应力

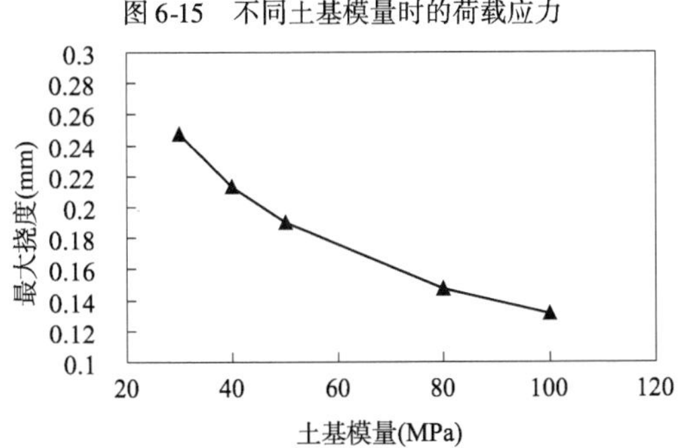

图 6-16　不同土基模量时的最大挠度

随着土基模量的增加，上基层层底最大荷载应力及面板最大挠度均相应降低，而面层层底最大荷载应力基本保持不变。当土基模量达到一定数值后，各层受力变化幅度趋于缓和。土基模量是影响水泥混凝土板挠度的关键因素。

7)依托工程路面结构敏感性判定

从上述结构参数的敏感性分析可以看出,由于依托工程水泥混凝土路面位于收费广场位置,考虑到车辆荷载比较集中,为了缓解水泥混凝土路面板受力,在水泥混凝土面层下设置了强度较高的贫水泥混凝土上基层,路面板受力与常规半刚性基层水泥混凝土路面有所不同。

(1)土基的强度仍然是影响水泥混凝土路面受力的重要因素,提高土基强度或者提高底基层下路面结构的强度对降低水泥混凝土的应力和竖向变形是十分有利的。

(2)刚性结构层的下承层的整体刚度对刚性结构层的荷载受力影响较大,因此在路面结构设计时应兼顾各层的刚度,使得各结构层受力更加协调。

(3)在水泥混凝土面板下设置一定厚度的贫混凝土层可使得路面协同承受荷载趋于一致,对水泥混凝土板受力是有利的,但必须对贫水泥混凝土的应力及疲劳指标进行验算。

(4)降低水泥混凝土面层模量的同时保持水泥混凝土的强度,对水泥路面板的受力是十分有利的。通过在水泥混凝土中加入纤维,可在不降低混凝土强度的基础上提高水泥混凝土的韧性,从而延长水泥混凝土路面的使用寿命。

6.3 全厚水泥稳定碎石基层敏感性分析

对于常规水泥混凝土路面,更多的是采用单一形式的半刚性基层。将贫混凝土上基层替换成等厚水泥稳定碎石基层,取水泥混凝土模量分别为26GPa、28GPa、30GPa、32GPa、34GPa,面层厚度分别取24cm、26cm、28cm、30cm、32cm,基层模量分别取1500MPa、1750MPa、2000MPa、2250MPa、2500MPa,基层厚度分别取30cm、33cm、36cm、39cm、42cm,土基模量分别取30MPa、40MPa、50MPa、80MPa、100MPa、面层层底最大荷载应力、基层层底最大荷载应力和面板最大挠度如图 6-17 ~ 图 6-26 所示。

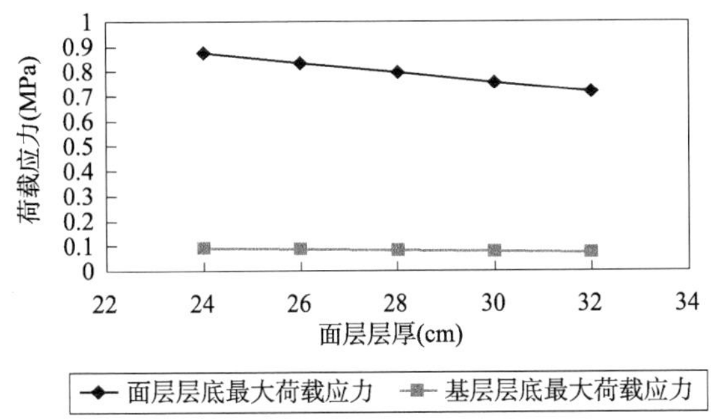

图 6-17 不同面层厚度时的荷载应力

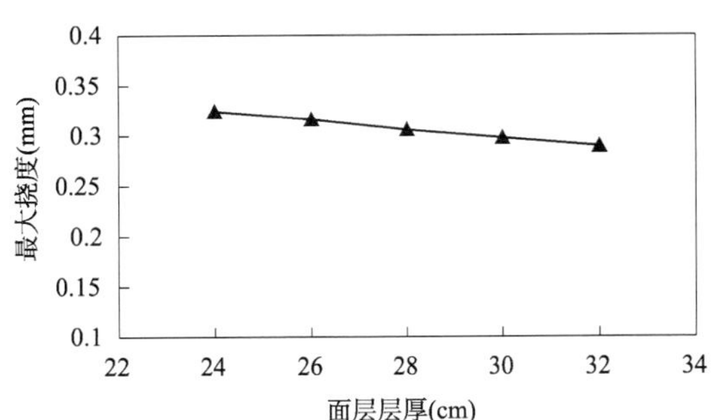

图 6-18 不同面层厚度时的最大挠度

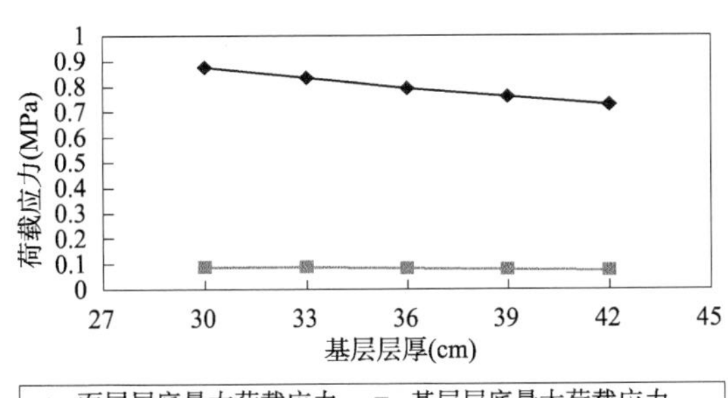

图 6-19 不同基层厚度时的荷载应力

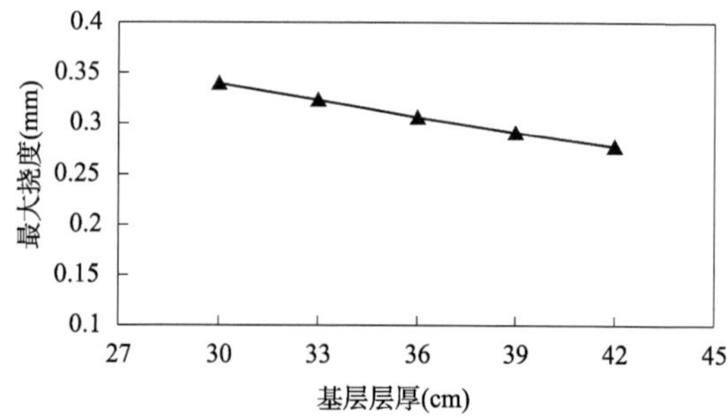

图 6-20　不同基层厚度时的最大挠度

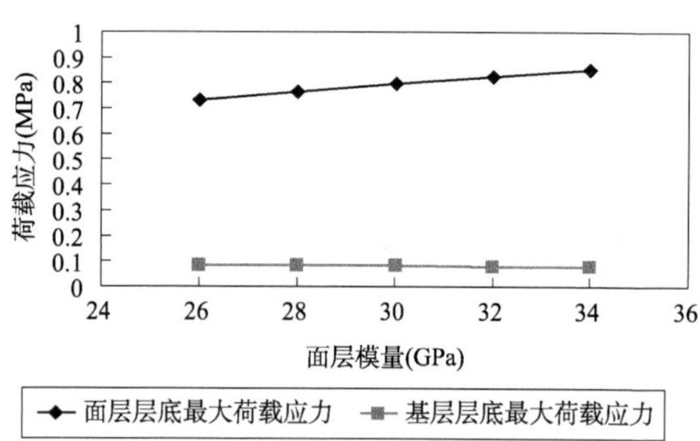

图 6-21　不同面层模量时的荷载应力

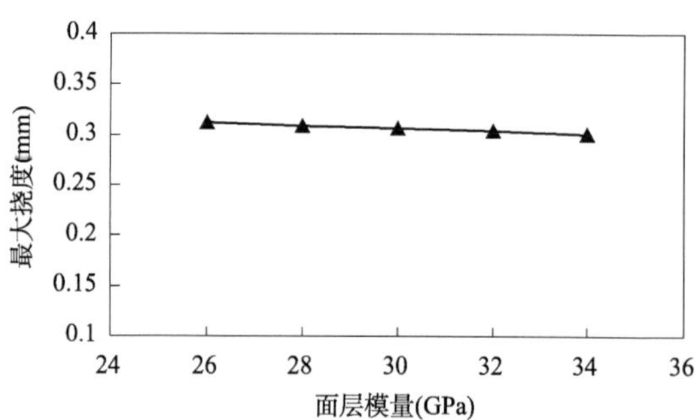

图 6-22　不同面层模量时的最大挠度

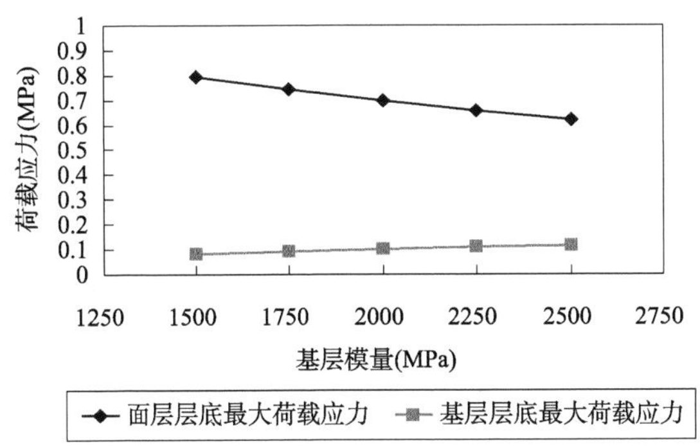

图 6-23　不同基层模量时的荷载应力

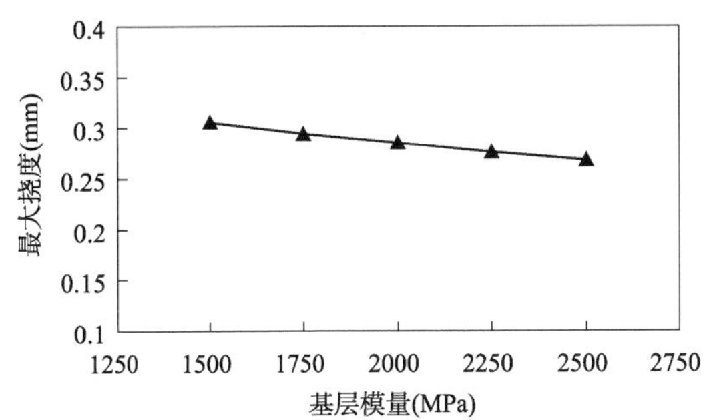

图 6-24　不同基层模量时的最大挠度

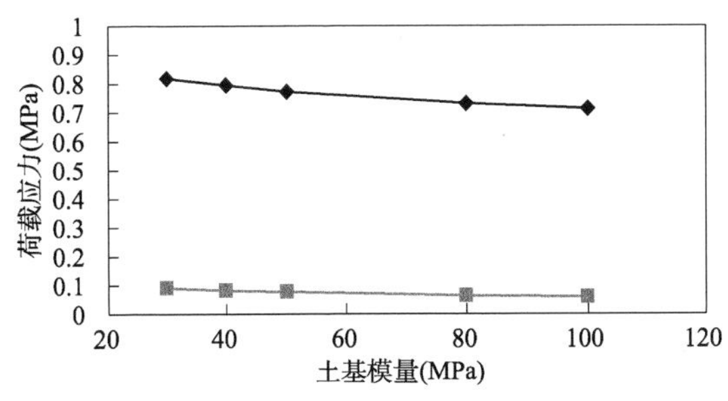

图 6-25　不同土基模量时的荷载应力

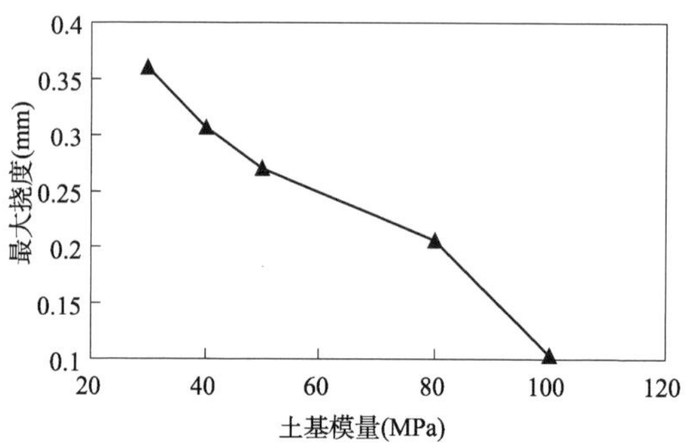

图 6-26 不同土基模量时的最大挠度

从图 6-17 ~ 图 6-26 可看出,将贫混凝土层替换成等厚度水泥稳定碎石层后,面板最大挠度增加,面层层底最大荷载应力明显增加。原因是面板刚度相对水泥稳定碎石层更大,起到了主要承重作用。而基层主要是为面层提供良好的支撑平台,起到了进一步分散应力的作用,基层层底最大荷载应力基本维持在 0.1MPa 的应力水平。

从各结构参数的影响规律来看,与含贫混凝土层的结构层组合相类似,土基模量、面板厚度、面板模量、基层模量和基层厚度对水泥混凝土面板的受力和变形有较大影响。

两种结构层组合的计算分析表明,增加面层层厚与降低面层模量均对面板的受力有利,后者使路面趋于"柔化",不仅可提高行车舒适性,也可延长路面的使用寿命。

6.4 玄武岩纤维增强水泥混凝土路面受力浅析

水泥混凝土中掺入柔性纤维组分后,对混凝土的弹性模量产生重要影响。第一,柔性纤维的弹性模量与混凝土基体模量相差较大(混凝土 30GPa、玄武岩纤维 93GPa、聚丙烯纤维 8GPa),但由于其体积分数较混凝土小两个数量级,由复合材料理论公式可知,纤维对混凝土的模量虽有部分作用但并不显著。第二,纤维掺入的同时,改善了混凝土微观结构和孔隙分布,因而会降低混凝土的弹性模量。第三,有研究表明,纤维—混凝土界面特性是影响混凝土弹性模量的重要原因,随着纤维长度、纤维直径和界面弹性模量的增大而增大,随界面厚度的增大而减小。

俞家欢等通过细观力学方法求解并试验验证了钢纤维与聚合物纤维对混凝土弹性模量的影响规律。研究发现钢纤维体积率增加时,纤维混凝土的弹性模量保持增加,而聚合物纤维混凝土弹性模量在体积掺量1%范围内是下降的,1.0%时只达到素混凝土弹性模量的一半水平。由此可推断,与聚合物纤维同为柔性纤维,模量要比钢纤维低一半的玄武岩纤维对混凝土弹性模量也将产生"柔化"效果。

从结构参数对路面受力影响角度分析,面层模量降低对面板的最大挠度值影响较小,但对面层的受力是有利的。以路面面层弹性模量下降20%为例,纤维混凝土层底最大荷载应力降低17%。

因此,在不改变该结构层组合及层厚条件下,面层材料掺入玄武岩纤维后能显著改善路面结构受力状况。

6.5 本章小结

借助大型有限元分析软件建立了依托工程路面结构的有限元模型,分析了该路面结构在标准汽车轴载作用下的力学响应,得出面层柔化有助于降低其荷载应力水平的重要结论,另外也得出一些结论包括:

(1)下承层的刚度对面层的受力影响较大,若其刚度接近甚至超过面层,需要同时验算下承层荷载应力。

(2)土基是路面结构的最终承台,无论路面结构如何组合,它的强度与刚度很大程度上决定了路面结构受力状况与挠度变形幅度,因而在路面结构施工前路基压实工作显得格外重要。

(3)玄武岩纤维混凝土可在维持强度水平的前提下,降低混凝土的模量,使路面趋于柔化,降低面层荷载应力,同时玄武岩纤维混凝土具有较高的疲劳韧性,可延长道路使用寿命。

7 玄武岩纤维水泥混凝土韧性评价方法与指标

7.1 水泥混凝土韧性与韧性指标概述

韧性表示材料在塑性变形和断裂过程中吸收能量的能力，韧性越好，则发生脆性断裂的可能性越小。混凝土是一种典型的脆性材料，断裂前几乎没有变形，破坏时征兆不明显。在水泥混凝土中掺加纤维提高混凝土的韧性，对提高结构的使用安全性具有重要作用。

韧性通常体现了材料在抵抗冲击荷载作用下的自身产生一定变形而不破坏的性能，它包含了强度与能量两方面意义，因而表征混凝土韧性特征的指标也可从这两个角度出发。由于试验量的原因，韧性评价工作以玄武岩纤维增韧混水泥胶砂为对象，探讨了水泥基复合材料的韧性评价方法与韧度指标。

7.2 水泥胶砂韧性评价试验设计

7.2.1 试验原材料、配合比与水泥胶砂的制备

细集料采用 ISO 标准砂，其余原材料类别与前述研究相同，纤维选用直径 12mm 玄武岩纤维；(纤维)水泥胶砂的制备养护参照 3.1.3 节；纤维水泥胶砂纤维部分分别以 0.10%、0.30%、0.50% 和 0.90% 四种体积率掺入，水泥胶砂的配合比与分组如表 7-1 所示。

水泥胶砂配合比与分组　　表 7-1

砂浆类型	纤维(g/L)	水泥(g/L)	标准砂(g/L)	水(g/L)	组别代号
水泥胶砂	—	706	1059	353	PM
玄武岩纤维水泥胶砂	2.7	706	1059	353	BFM-V1
	8.1	706	1059	353	BFM-V3
	13.5	706	1059	353	BFM-V5
	24.3	706	1059	353	BFM-V9

7.2.2 试验方法

韧性评价试验均采用标准条件养护 28d 的试件。

1)水泥胶砂准静态弯曲韧性评价试验方法

各国施行的弯曲韧性评价标准的区别主要体现在试件尺寸、加载支点数量(单点或两点)及韧度指标等方面,而试验加载方式均为位移控制模式,速率趋于静态。试验参照美国 ASTM C1018 和日本 JSCE-SF4 标准,每组设 3 根水泥胶砂试件,加载采用 UTM (25kN)试验机,等速位移闭环控制,跨中位移速率为 0.02 ~ 0.05mm/min。胶砂试件跨中挠度采用位移传感器(LVDT)测量,采用三分点施加荷载,胶砂跨度 120mm,试验加载装置如图 7-1 所示。

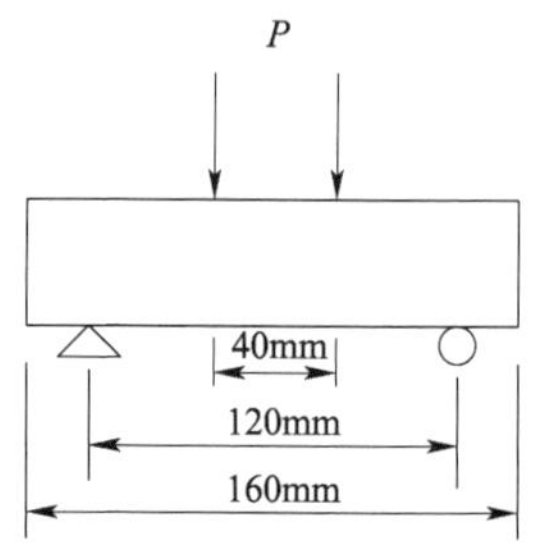

图 7-1　胶砂弯曲韧性试验加载

2)水泥胶砂疲劳韧性评价试验方法

疲劳试验需要确定水泥胶砂静载极限弯拉强度,通过准静态弯曲韧性评价试验获取,即极限荷载对应的试件截面最大弯曲拉应力,水泥胶砂弯拉强度的计算参照公式(4-1)。为保证疲劳试验的稳定性,静载试验要求选取不同试模的试件。

确定水泥胶砂的静载极限弯拉强度后,选择应力水平时,考虑在高应力水平下,试件属于低周期破坏,循环次数波动大,而低应力水平下,试件循环次数较高可延长试验周期。综合考虑分别取0.65、0.75、0.8和0.85四个应力水平进行疲劳试验,每个应力水平加载3~5根试件,只采用循环次数较为接近的三个数据。循环荷载的加载模式与静载试验相同,采用跨中三分点加载,循环最高荷载为对应应力水平乘以极限荷载,最低荷载为极限荷载的10%,荷载波形为正弦波,频率10Hz。试验采用MTS(Material Test System)试验机,荷载、挠度及循环数据可由MTS试验机自动采集并保存于计算机存储器内。

7.3 水泥胶砂准静态弯曲韧性评价

经过半个世纪的努力,国内外学术界对混凝土韧性评价方法的研究工作取得了喜人的成果。评价混凝土弯曲韧性的方法主要有美国材料试验学会标准(ASTM-C1018)和美国混凝土学会(ACI-544)标准、德国纤维混凝土标准(DVB)、挪威NBP标准、欧洲喷射混凝土标准(NFNARC)、日本混凝土标准(JSCE-SF4)、欧洲材料与结构联合会标准(RILEM)等。其中,美国材料试验学会标准ASTM C1018和日本混凝土标准JSCE-SF4是广为采用的方法。

7.3.1 美国材料试验学会标准ASTM-C1018

美国材料试验学会标准ASTM-C1018采用闭环控制的伺服式试验机,推荐试件尺寸100mm×100mm×400mm,跨度为300mm,梁试件三分点加载试验。试验时,控制方法为位移控制,速率为0.05~0.1mm/min,加载时间不少于15min;跨中挠度δ至少应超过相对于韧度指标 I20 挠度的 10%。ASTM-C1018 标准评价了混凝土裂后的韧性特征，采用 3 个评价混凝土韧性的指标：初裂梁跨中挠度 δ、韧度指标 I 和残余强度指标 R。韧度指标 I 和残余强度指标 R 衡量混凝土吸收能量的能力。韧度指标 I 根据梁初裂时的变形及对应吸收的能量来确定。ASTM-C1018 标准定义了 3 个韧度指标：I_5、I_{10} 和 I_{20}（I_{30}），分别表示 3δ、5.5δ 和 10.5δ（或 15.5δ）处曲线所包围的面积与 δ 处曲线所包围的面积之比，如图 7-2 所示。

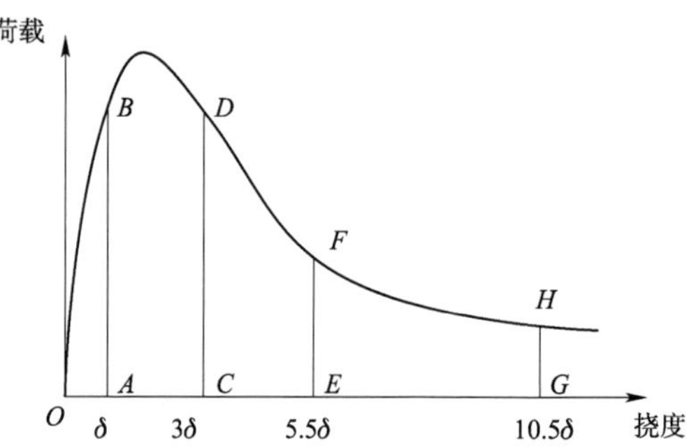

图 7-2　荷载-挠度曲线（ASTM-C1018）

$$I_5 = \frac{S_{\mathrm{OACD}}}{S_{\mathrm{OAB}}}$$

$$I_{10} = \frac{S_{\mathrm{OAEF}}}{S_{\mathrm{OAB}}} \tag{7-1}$$

$$I_{20} = \frac{S_{\mathrm{OAGH}}}{S_{\mathrm{OAB}}}$$

对于残余强度指标 R，ASTM-C1018 标准引入了系数 $R_{5,10}$ 和 $R_{10,20}$，两个系数通过下式求得：

$$\begin{aligned} R_{5,10} &= 20(I_{10} - I_5) \\ R_{10,20} &= 10(I_{20} - I_{10}) \end{aligned} \tag{7-2}$$

对于理想弹塑性材料来说，$R = 100$。R 值越小，表明材料塑性越低，素混凝土的 R 值趋于 0。

美国材料试验标准 ASTM-C1018 分析比较了混凝土开裂前后不同的力学行为,但韧性评价指标依赖于初裂挠度的确定,存在仪器测量误差与人为误差。

7.3.2 日本混凝土标准 JSCE-SF4

日本混凝土标准采用的试件尺寸为 100mm × 100mm × 350mm,梁跨距 l 为 300mm,同样也采用三分点加载、位移控制进行试验。韧性是挠度为 $l/150$(2mm)时荷载—挠度曲线下的面积,韧性因子为加载到挠度为 $l/150$ 值时的平均强度值,如图 7-3 所示。

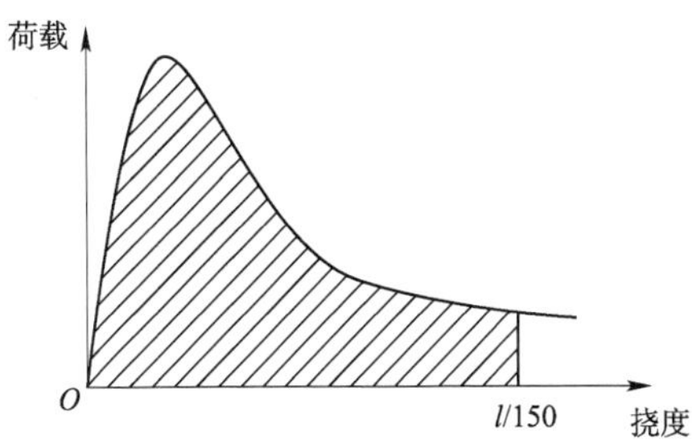

图 7-3 荷载—挠度曲线(JSCE-SF4)

韧性因子 $\bar{\sigma}$ 的计算式为:

$$\bar{\sigma} = \frac{T_b l}{bh^2 \delta_{tb}} \tag{7-3}$$

式中:δ_{tb}——给定挠度 $l/150$,l 为跨度(mm);

h——梁的高度(mm);

b——梁的宽度(mm);

T_b——曲线所围的面积(mm^2)。

日本混凝土标准 JSCE-SF4 韧性评价指标可以不受试件开裂不稳定的影响,更好地反映纤维种类、体积率对混凝土韧性的影响,但却不能反映试件开裂前后的差异,且用于评价低掺量柔性纤维的弯曲韧性会造成过大误差。

7.3.3 其他混凝土弯曲韧性评价标准

1)德国纤维混凝土标准(DBV 1998)

采用等效弯拉强度和变形能的概念来表述纤维混凝土的韧性及其吸收能量的能力,韧度指标为混凝土梁吸收的能量 D_n 和等效弯拉强度 $f_{eq,n}$,分别由下式求得。

$$\begin{cases} D_n^f = \int_0^{\delta_n} F(\delta)\,d\delta \\ F_{eq,n} = \dfrac{D_n^f}{0.5} \\ f_{eq,n} = \dfrac{M}{W} = \dfrac{F_{eq,n}L}{bh^2} \end{cases} \tag{7-4}$$

式中:D_n^f——挠度 δ_n 处对应吸收的能量(N · mm);

$F_{eq,n}$——挠度 δ_n 处对应的等效荷载(kN);

δ_n——δ_0 为 F_u 对应的挠度,$\delta_2=\delta_0+0.65$mm,$\delta_2=\delta_0+3.15$mm;

$f_{eq,n}$——等效弯拉强度(MPa);

L——梁跨度(mm);

b——梁截面宽度(mm);

h——梁截面高度(mm)。

2)挪威喷射混凝土标准(NBP No.7)

针对纤维混凝土,采用挠度在1mm和3mm时的剩余弯曲强度来评价混凝土的韧性,取代ASTM-C1018中的 R 和 I,表7-2定义了混凝土的韧度等级。

韧度等级划分(NBP No.7)　　表7-2

韧性等级	对应挠度的剩余强度(MPa)	
	1mm	3mm
0	无纤维	
1	按纤维各类及用量说明	
2	2.0	1.5
3	3.5	3.0

3)欧洲喷射混凝土标准(EFNARC)

该标准参照挪威混凝土标准(NBP No.7),同样根据剩余弯曲强度来确定混凝土的韧度等级,如表7-3所示。

韧度等级划分(EFNARC)　　表7-3

挠度(mm)	对应韧度等级的剩余弯曲强度(MPa)			
	等级1	等级2	等级3	等级4
0.5	1.5	2.5	3.5	4.5
1	1.3	2.3	3.3	4.3
2	1.0	2.0	3.0	4.0
4	0.5	1.5	2.5	3.5

4)欧洲材料与结构联合会标准(RILEM TC 162-TDF)

RILEM标准采用带缺口梁试件中分点加载进行弯曲试验,缺口位于跨中,贯通截面全高,其宽度不超过5mm,高25mm,在试件中央采用滚筒施加荷载。试验输出有荷载—挠度 $F—\delta$ 曲线和荷载-缺口张开 F—CMOD 位移曲线,采用等效弯曲强度 f_{eq} 和残余弯曲强度 $f_{R,i}$ 两个韧度指标表征混凝土韧性的大小。

$$\begin{cases} f_{eq,2}=\dfrac{3}{2}\left[\dfrac{D_{BZ,2}^{f}}{0.5}\right]\dfrac{L}{bh_{sp}^{2}} \\ f_{eq,3}=\dfrac{3}{2}\left[\dfrac{D_{BZ,2}^{f}}{2.5}\right]\dfrac{L}{bh_{sp}^{2}} \end{cases} \tag{7-5}$$

式中:$f_{eq,2}$、$f_{eq,3}$——指定挠度 δ_2、δ_3 对应的等效弯曲强度;

δ_2、δ_3——$F—\delta$ 或 F—CMOD 在挠度0~0.05mm范围内荷载最大值 F_L 对应的挠度为 δ_L,素混凝土对应的挠度为"$\delta_L+0.3$mm",指定挠度 $\delta_2=S_L+$ 65mm、$\delta_3=\delta_L+2.65$mm;

D_{BZ}^{f}——由于掺入纤维对应的 $F—\delta$ 曲线的面积;

L——梁的跨度(mm);

b——梁的宽度(mm);

h_{sp}——缺口尖端到试件表面的距离(mm)。

$$f_{R,i}=\frac{3F_{R,i}L}{2bh_{sp}^2} \tag{7-6}$$

式中：$f_{R,i}$——给定挠度 δ（或缺口张开位移 CMOD）在 F—δ 曲线（或 F—CMOD 曲线）对应的荷载，给定挠度参考点为：$\delta_{R,1}=0.46\text{mm}$，$\delta_{R,2}=1.31\text{mm}$，$\delta_{R,3}=2.15\text{mm}$，$\delta_{R,4}=3.00\text{mm}$，对应 CMOD 参考点为：$CMOD_1=0.5\text{mm}$，$CMOD_2=1.5\text{mm}$，$CMOD_3=2.5\text{mm}$，$CDOM_4=3.5\text{mm}$。

5）韧性等级水平法

Banthia 等将韧性分为 5 个等级水平，采用给定挠度值的设计荷载的百分比表征韧性，水平 0 表示不掺纤维或掺少量纤维。在试验前预先建立一个模板，表示为设计承载力的百分比，拿实测的试件承载力与模板相比较，实测试件的承载力必须大于荷载设计值，即实测弯曲荷载—挠度 F—δ 全曲线（0.5mm 和 2.0mm）处完全包络模板理论曲线。对于不同要求的工程项目，需预先设计特定的模板。

6）中国工程建设标准化协会 CECS 法

在《钢纤维混凝土试验方法》（CECS 13：89）中，参照 ASTM-C1018 标准提出了混凝土弯曲韧性试验及计算方法，定义了弯曲韧性指数 η_{m5}、η_{m10}、η_{m30}，与 ASTM-C1018 中定义的 I_5、I_{10}、I_{30} 相同。除此之外，还提出采用承载能力变化系数 $\zeta_{m,n,m}$ 评定材料的弯曲韧性，该系数按下式计算。

$$\zeta_{m,n,m}=\frac{\eta_{m,n,m}-a}{\alpha-1} \tag{7-7}$$

式中：a——倍数；

α——给定挠度与初裂挠度的比值，本标准给定 α 为 3.0、5.5、15.5，或按试验要求给定；

$\eta_{m,n,m}$——与给定挠度对应的一组试件的平均弯曲韧性指数。

由于理想弹塑性材料承载能力变化系数 $\zeta_{m,n,m}=1$，将计算结果与其比较，可评定不同材料的弯曲韧性。

7.4 水泥胶砂弯曲韧性评价

7.4.1 水泥胶砂弯曲试验结果

试验发现,各组水泥胶砂荷载—挠度($F—\delta$)曲线均具有相同的特征,为方便比较,取各组中极限荷载的中间值试件的试验荷载—挠度曲线用于曲线特征的比较,如图7-4所示。

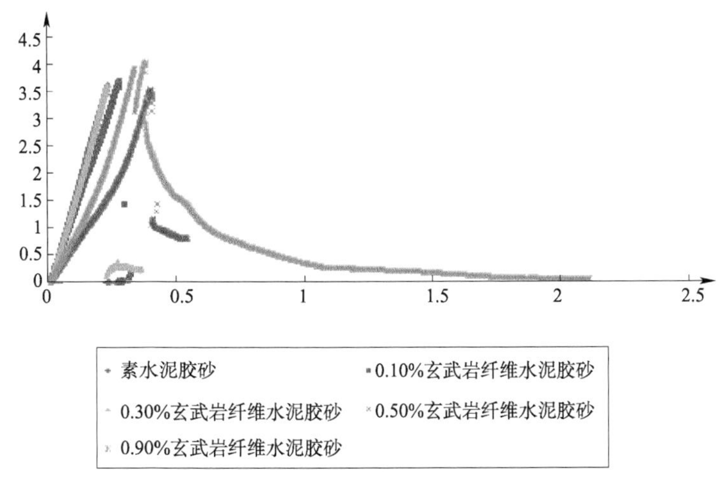

图7-4 水泥胶砂荷载—挠度($F—\delta$)曲线

从图7-4可以看出,水泥胶砂与玄武岩纤维水泥胶砂受弯时,荷载均经历了随位移线性增长的阶段,水泥胶砂开裂即发生破坏。掺入纤维后,开裂前曲线有不显著的应力软化趋势(即非线性阶段),该行为挠度发展较短暂。玄武岩纤维对水泥胶砂的裂后行为有所改善,0.10%掺量玄武岩纤维水泥胶砂开裂后,不发生贯穿于截面的破坏,随着纤维掺量增加,开裂后的残余承载力显著增加,且从残余荷载到完全失去承载力经历的应变发展过程越长,即变形能力得到了强化。从纤维水泥胶砂开裂后承载力立即下降至残余荷载,残余荷载可达极限荷载25%(0.50%体积率玄武岩纤维胶砂)的水平,纤维掺量达到0.90%时,水泥胶砂存在明显的失稳开裂现象,但残余荷载并非迅速下降,经历了一个漫长的卸载过程。

因此,水泥胶砂掺入纤维后,开裂前的力学行为并没有显著改变,而开裂后复合材料承载力下降有一个渐进的过程。

7.4.2 水泥胶砂弯曲韧性评价标准

玄武岩纤维水泥胶砂 F-δ 曲线并没有明显的初裂点,韧性评价不适用美国 ASTM-C1018 标准及国内 CECS 法;另外,玄武岩纤维水泥胶砂只有掺量达到0.90%后才出现连续的荷载下降阶段,方能适用日本 JSCE-SF4 标准。借鉴挪威 NBP No.7 标准,可对水泥胶砂的韧性进行评价,各取峰值荷载前后各0.1mm,评价结果如表7-4所示。

韧度等级划分 表7-4

试件类型	对应挠度的剩余强度(MPa)	
	裂前0.1mm	裂后0.1mm
素水泥胶砂	3.76	0
0.10%玄武岩纤维水泥胶砂	4.31	0.21
0.30%玄武岩纤维水泥胶砂	4.32	0.50
0.50%玄武岩纤维水泥胶砂	4.06	1.57
0.90%玄武岩纤维水泥胶砂	4.34	3.13

随着纤维掺加的增加,裂前挠度0.1mm处的剩余强度升高,这说明纤维加入后纤维水泥胶砂的总强度和相同状态下的承载能力更高;裂后较高的剩余弯曲强度表明玄武岩纤维水泥胶砂获得一定的延性,在动荷载作用下可具有较高的变形能力,即韧性。

7.4.3 既有混凝土弯曲韧性评价标准的适用性

任何材料都可以加载至断裂点,任何材料甚至是非常脆的混凝土,在变形至断裂的过程中都要吸收一些能量。在单调准静态加载试验中,材料力学行为包括弹性、黏弹性和塑性。脆性材料的黏弹性、塑性特征往往不易观察,尤其是黏弹性无法用应力或应变来度量或定义,而应用能量、相角或对数减量来表示,其作用在循环变形极长寿命的情况下才表现出来。素混凝土材料典型的单调准静态弯拉加载曲线见图 7-4,在弹性线很陡与应力水平很高的情况下,弹性应变能即荷载—挠度曲线直线部分下面的面积尽管很大,然而这些能量可恢复,真正能量的吸收需要通过塑性变形。

混凝土材料的塑性变形无法与金属、塑料等真正意义上的韧性材料相比拟,后者往往具有明显的塑性发展过程(即变形)。韧性可释义为吸收能量的能力。材料的高韧性一般是通过高强度和高延性而得到的,(准)脆性材料抵抗变形的能力差,因此纤维水泥胶砂尽管强度高,其裂后行为并不像金属材料的屈服行为。前者经历了一个应力迅速下降的过程,极限断裂延率也只有 10^{-3},应力软化阶段非常短,直接影响能量的进一步吸收。在上述的几种混凝土韧性评价标准中,大多数对挠度变化值均有一定的要求,且须有明显的裂后应力软化过程,无法按照标准推荐方法进行韧性评价工作,如日本 JSCE-SF4 标准主要针对延性相对较大的钢纤维混凝土,若试验梁试件跨度为 300mm,则挠度值需要达到 2mm,而如素混凝土、低掺量低弹模纤维混凝土等难以满足该要求。

韧性表征材料抵抗破坏的能力,这种破坏作用往往是通过能量的形式释放。对于脆性材料,(准)静态单调加载过程塑性变形从发展到结束往往只是瞬间或是极为短暂的一段时间,难以真正衡量材料对能量的耗散能力。

7.5 水泥胶砂疲劳韧性评价方法

纤维水泥胶砂裂前力学行为与素水泥胶砂基本相同,裂后几乎丧失承载力,似乎纤维毫无作用。然而,水泥混凝土落锤式冲击试验结果表明纤维能够显著提高混凝土抵抗冲击破坏的能力，即纤维混凝土增韧效应并不适合用准静态试验方法进行评价，应考虑其基于动态疲劳性能的韧性指标。

7.5.1 水泥胶砂疲劳试验结果

各组水泥胶砂疲劳试验结果如表 7-5 所示。

水泥胶砂疲劳试验结果 表 7-5

试件类型	素水泥胶砂				0.10% 玄武岩纤维水泥胶砂			
应力水平	0.65	0.75	0.8	0.85	0.65	0.75	0.8	0.85
疲劳寿命 N (10^4次)	22.2	5.31	1.88	0.72	38.78	8.13	2.38	1.04
	28.41	5.73	2.11	0.81	46.34	10.42	3.56	1.24
	36.41	6.1	2.38	1.08	49.12	12.85	4.11	1.44
试件类型	0.30% 玄武岩纤维水泥胶砂				0.50% 玄武岩纤维水泥胶砂			
应力水平	0.65	0.75	0.8	0.85	0.65	0.75	0.8	0.85
疲劳寿命 N (10^4次)	48.59	11.03	3.38	1.47	51.89	10.01	3.93	2.02
	55.61	13.56	4.65	1.66	62.05	14.94	5.06	2.36
	58.91	14.1	5.65	1.87	75.6	16.7	7.83	2.72
试件类型	0.90% 玄武岩纤维水泥胶砂							
应力水平	0.65	0.75	0.8	0.85				
疲劳寿命 N (10^4次)	47.37	21.31	10.08	4.26				
	118.56	29.67	16.54	5.72				
	150	35.91	19.17	16.55				
备注								

疲劳试验结果表明在同应力水平下，玄武岩纤维能显著提高水泥胶砂的疲劳寿命：纤维体积率为 0.10% 时，各应力水平下的平均疲劳寿命接近素水泥胶砂的 2 倍，随着纤维体积率的增加，疲劳寿命进一步增大；尽管高体积率玄武岩纤维水泥胶砂具有很高的疲劳寿命，但试验结果显示出较高的变异性，这与水泥胶砂孔隙形态、尺寸与分布，纤维取向与分布相关。

7.5.2 水泥胶砂疲劳方程

1)疲劳描述基本理论

疲劳特性理论是建立在经验规律的研究上,完全掌握某种材料的疲劳特性往往需要进行大量重复试验。描述材料疲劳特性的最常用的是应力水平—疲劳寿命曲线,即 S—N 曲线,两者在一定的可信度概率下具有对应关系。S—N 曲线由不同应力水平下的疲劳试验确定,其中将 N 对数转换或 S、N 同时对数转换后,S 和 N 的对应关系经拟合后可近似为直线。关于 S—N 曲线理论,常用的拟合公式有指数函数与幂函数两种形式。

指数函数形式为:

$$e^{\alpha s}N = \mathrm{C} \tag{7-8}$$

式中,α 和 C 为常数,两边分别取对数 lg,得:

$$\alpha S\lg e + \lg N = \lg \mathrm{C} \tag{7-9}$$

令 $\alpha\lg e = a$,$\lg \mathrm{C} = b$,得半对数形式疲劳方程:

$$aS + \lg N = b \tag{7-10}$$

幂函数形式为:

$$S^{\alpha}N = \mathrm{C} \tag{7-11}$$

两边分别取对数 lg,得:

$$\alpha\lg S + \lg N = \lg \mathrm{C} \tag{7-12}$$

令 $\alpha = a$,$\lg \mathrm{C} = b$,得对数形式疲劳方程:

$$a\lg S + \lg N = b \tag{7-13}$$

许多研究者采用半对数与对数形式描述混凝土材料的疲劳特性,在低应力下混凝土的弯曲疲劳双对数 S—N 关系具有更好的线性相关性,且双对数疲劳方程能较好地满足式(7-12)边界条件,故本书采用双对数 S—N 方程描述混凝土的弯曲疲劳性能。

$$\begin{aligned} &S = 1\ \text{时}, N = 1 \\ &S \to 0\ \text{时}, N \to \infty \end{aligned} \tag{7-14}$$

2)疲劳寿命统计分析

混凝土疲劳寿命表现出较大的离散性,在少数情况下高应力级甚至会出现比低应力级更长的寿命,因此需要借助统计学方法对疲劳试验结果进行处理,使之在一定的可信度下具有某种规律性。

威布尔(Weibull)分布在可靠性工程中被广泛应用,它能利用概率值推断出其分布函数,可应用于寿命试验的数据处理。对于混凝土疲劳寿命试验,在同级应力水平作用下,每个试件的疲劳寿命 N 分布规律用 Weibull 分布函数表示为:

$$f(N)=\frac{b}{N_a-N_0}\left(\frac{N-N_0}{N_a-N_0}\right)^{b-1}e^{-\left(\frac{N-N_0}{N_2-N_0}\right)^b}\quad(N_0\leqslant N<\infty)\tag{7-15}$$

式中:N_a——特征寿命参数,相当于36.8%存活率的安全寿命;

N_0——最低寿命参数;

b——Weibull 形状参数。

Weibull 分布需要确定上述三个参数。存活率 p 由积分式(7-14)求得。

$$p=\int_{N_p}^{\infty}f(N)\,dN\tag{7-16}$$

令$\left(\frac{N-N_0}{N_a-N_0}\right)^b=q$,两端微分得:

$$\frac{dN}{N_a-N_0}=\frac{1}{b}q^{\frac{1}{b}-1}dq\tag{7-17}$$

将变换代回式(7-14),并将各积分下限变换为 q_p

$$q_p=\left(\frac{N_p-N_0}{N_a-N_0}\right)^b$$

$$\begin{aligned}p&=\int_{q_p}^{\infty}\frac{b}{N_a-N_0}q^{\frac{1}{b}}e^{-q}\frac{N_a-N_0}{b}q^{\frac{1}{b}-1}dq\\&=\int_{q_p}^{\infty}e^{-q}dq=e^{-\left(\frac{N_p-N_0}{N_a-N_0}\right)^b}\end{aligned}\tag{7-18}$$

令最少寿命数 N_0 为零,即可简化为两参数的 Weibull 分布函数:

$$f(N)=\frac{b}{N_a}\left(\frac{N}{N_a}\right)^{b-1}e^{-(\frac{N}{N_a})^b} \tag{7-19}$$

则存活率 p、失效概率 p' 分别为：

$$p=e^{-(\frac{N}{N_a})^b} \tag{7-20}$$

$$p'=1-p=1-e^{-(\frac{N}{N_a})^b} \tag{7-21}$$

对式(3-17)取两次自然对数得：

$$\ln\left[\ln\left(\frac{1}{\rho}\right)\right]=b\ln N-b\ln N_a \tag{7-22}$$

令 $Y=\ln\left[\ln\left(\frac{1}{p}\right)\right]=\ln\left[\ln\left(\frac{1}{1-p'}\right)\right]$，$X=\ln N$，$a=b\ln N_a$，可得：

$$Y=bX-a \tag{7-23}$$

判断试验数据表 7-5 是否符合两参数的 WeiBull 分布，可通过数据回归分析，若 X、Y 线性关系较好，说明目标数据服从该分布。各组水泥胶砂的疲劳寿命数据处理如表 7-6 所示。

水泥胶砂疲劳寿命数据处理 表 7-6

应力水平		0.65			0.75		
i		1	2	3	1	2	3
对数疲劳寿命 $X_i=\ln N_i$	素水泥胶砂	12.3104	12.5571	12.8052	10.8799	10.9561	11.0186
	0.10%玄武岩纤维水泥胶砂	12.8682	13.0463	13.1046	11.3059	11.5541	11.7637
	0.30%玄武岩纤维水泥胶砂	13.0938	13.2287	13.2864	11.6110	11.8175	11.8565
	0.50%玄武岩纤维水泥胶砂	13.1595	13.3383	13.5358	11.5139	11.9144	12.0257
	0.90%玄武岩纤维水泥胶砂	13.0683	13.9858	14.2210	12.2695	12.6005	12.7914
失效概率 $p'=\frac{i}{i+k}$		0.25	0.50	0.75	0.25	0.50	0.75
$\ln\left(\ln\frac{1}{1-p'}\right)$		1.2459	0.3665	0.3266	1.2459	0.3665	0.3266

续上表

应力水平		0.80			0.85		
i		1	2	3	1	2	3
对数疲劳寿命 $X_i=\ln N_i$	素水泥胶砂	9.8416	9.9570	10.0774	8.8818	8.9996	9.2873
	0.10%玄武岩纤维水泥胶砂	10.0774	10.4801	10.6238	9.2496	9.4255	9.5750
	0.30%玄武岩纤维水泥胶砂	10.4282	10.7472	10.9420	9.5956	9.7171	9.8363
	0.50%玄武岩纤维水泥胶砂	10.5790	10.8317	11.2683	9.9134	10.0390	10.2110
	0.90%玄武岩纤维水泥胶砂	11.5209	12.0131	12.01637	10.6596	10.9543	12.0167
失效概率 $p'=\frac{i}{i+k}$		0.25	0.50	0.75	0.25	0.50	0.75
$\ln\left(\ln\frac{1}{1-p'}\right)$		1.2459	0.3665	0.3266	1.2459	0.3665	0.3266

以 $X_i=\ln N_i$ 为横坐标，$\ln\left(\ln\frac{1}{1-p'}\right)$为纵坐标，对上述数据进行线性回归检验，结果如图 7-5 及表 7-7 所示。

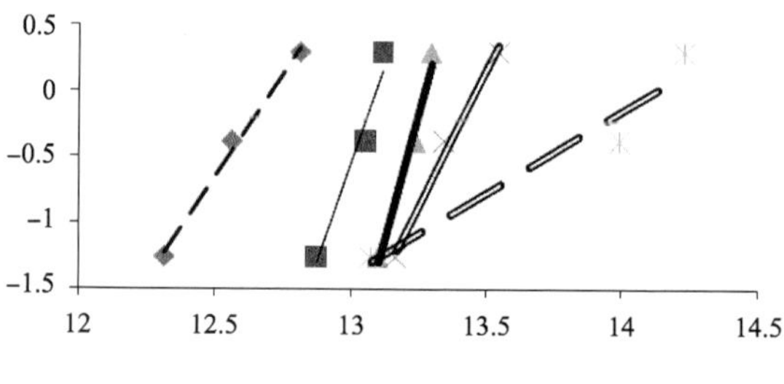

a)S=0.65

图 7-5

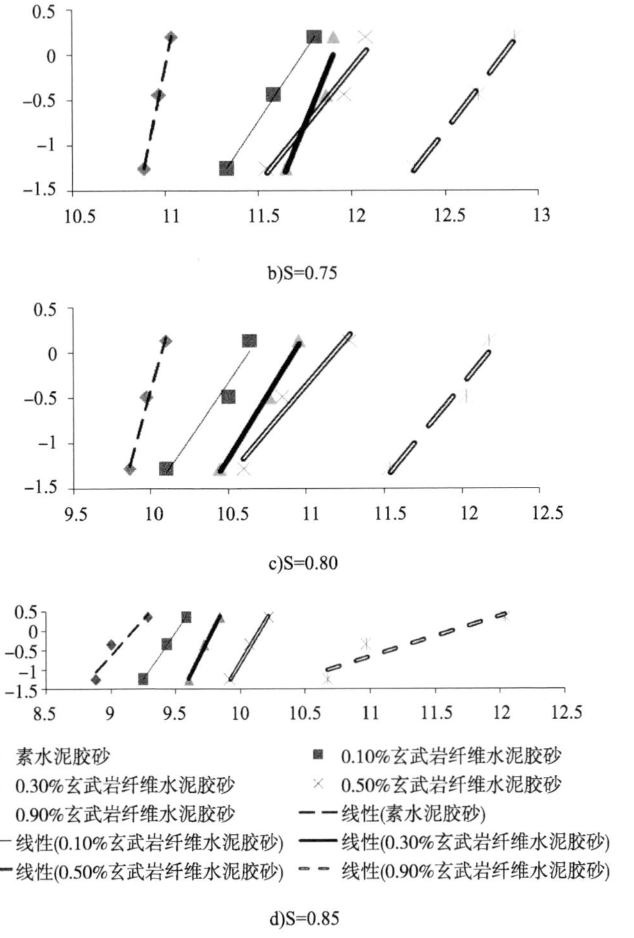

b)S=0.75

c)S=0.80

d)S=0.85

图 7-5 不同应力级 weibull 分布回归曲线 $\left[\text{横坐标：}\ln N_i\text{；纵坐标：}\ln\left(\ln\frac{1}{1-p'}\right)\right]$

表 7-7 中各组水泥胶砂不同应力水平的相关系数 R^2 值均接近 1，说明素水泥胶砂与玄武岩纤维胶砂疲劳寿命服从两参数的 Weibull 分布规律，因此，判定 Welbull 分布函数可用于描述胶砂的疲劳寿命。

weibull 分布回归分析 表 7-7

试件类型	应力水平	拟合方程 $Y=bX-a$	相关系数 R^2
素水泥胶砂	0.65	$y=3.178x-40.34$	0.999
	0.75	$y=3.375x-39.06$	0.999
	0.80	$y=2.675x-28.25$	0.945
	0.85	$y=3.603x-33.06$	0.909
0.10%玄武岩纤维水泥胶砂	0.65	$y=1.380x-17.88$	0.917
	0.75	$y=2.506x-31.49$	0.905
	0.80	$y=2.277x-26.32$	0.866
	0.85	$y=1.326x-12.34$	0.996
0.30%玄武岩纤维水泥胶砂	0.65	$y=1.797x-23.42$	0.910
	0.75	$y=1.177x-14.95$	0.976
	0.80	$y=1.744x-20.25$	0.977
	0.85	$y=1.960x-19.04$	0.978
0.50%玄武岩纤维水泥胶砂	0.65	$y=1.816x-23.88$	0.841
	0.75	$y=1.829x-23.62$	0.998
	0.80	$y=1.309x-15.10$	0.999
	0.85	$y=1.492x-14.83$	0.911
0.90%玄武岩纤维水泥胶砂	0.65	$y=1.250x-17.62$	0.933
	0.75	$y=2.741x-35.61$	0.960
	0.80	$y=1.998x-24.28$	0.841
	0.85	$y=1.023x-11.90$	0.859

3)失效概率条件下的疲劳方程

由于水泥胶砂的疲劳寿命离散性较大,考虑引入可靠度概念,建立具有一定失效概率的 S—N 疲劳方程,便于实际工程的应用。将式(7-19)变换为下式,即可求得一定失效概率 p' 条件下的疲劳寿命。

$$N=N_{\mathrm{a}}\left(\ln\frac{1}{1-p'}\right)^{\frac{1}{b}} \tag{7-24}$$

代入各组水泥胶砂不同应力水平下的 Weibull 分布的两参数 $N_a = e^{\frac{a}{b}}$、b,即可得出考虑失效概率 p' 的疲劳寿命,不同失效概率条件下的疲劳寿命见表 7-8。

不同失效概率 p' 条件下的水泥胶砂疲劳寿命 表 7-8

应力水平		0.65			0.75		
p'		0.05	0.1	0.5	0.05	0.1	0.5
疲劳寿命（10^4次）	素水泥胶砂	12.75	15.99	28.92	4.58	4.88	5.76
	0.10% 玄武岩纤维水泥胶砂	29.65	33.27	44.98	4.92	6.06	10.48
	0.30% 玄武岩纤维水泥胶砂	39.00	42.73	54.29	8.21	9.32	12.97
	0.50% 玄武岩纤维水泥胶砂	33.99	40.40	63.50	5.54	7.14	13.87
	0.90% 玄武岩纤维水泥胶砂	12.30	21.88	98.74	12.1	15.39	29.00
应力水平		0.80			0.85		
p'		0.05	0.1	0.5	0.05	0.1	0.5
疲劳寿命（10^4次）	素水泥胶砂	1.44	1.61	2.13	0.42	0.52	0.87
	0.10% 玄武岩纤维水泥胶砂	1.29	1.68	3.35	0.73	0.84	1.24
	0.30% 玄武岩纤维水泥胶砂	1.93	2.45	4.56	1.12	1.25	1.67
	0.50% 玄武岩纤维水泥胶砂	1.70	2.36	5.54	1.45	1.66	2.38
	0.90% 玄武岩纤维水泥胶砂	4.84	6.63	15.18	0.62	1.25	7.88

对上述不同水泥胶砂的各应力水平下的疲劳寿命次数按式(7-11)进行线性拟合,结果如表 7-9 和图 7-6 所示。

不同失效概率条件下水泥胶砂疲劳方程 表 7-9

试件类型	p'	疲劳方程	线性相关系数 R^2
素水泥胶砂	0.05	$\lg S + 0.075\lg N = 0.212$	0.932
	0.1	$\lg S + 0.076\lg N = 0.220$	0.955
	0.5	$\lg S + 0.076\lg N = 0.233$	0.993
0.10% 玄武岩纤维水泥胶砂	0.05	$\lg S + 0.069\lg N = 0.194$	0.988
	0.1	$\lg S + 0.070\lg N = 0.207$	0.989
	0.5	$\lg S + 0.073\lg N = 0.236$	0.980

续上表

试件类型	p'	疲劳方程	线性相关系数 R^2
0.30% 玄武岩纤维水泥胶砂	0.05	$\lg S+0.071\lg N=0.217$	0.977
	0.1	$\lg S+0.073\lg N=0.229$	0.982
	0.5	$\lg S+0.076\lg N=0.258$	0.993
0.50% 玄武岩纤维水泥胶砂	0.05	$\lg S+0.077\lg N=0.243$	0.970
	0.1	$\lg S+0.079\lg N=0.259$	0.985
	0.5	$\lg S+0.081\lg N=0.289$	0.993
0.90% 玄武岩纤维水泥胶砂	0.05	$\lg S+0.065\lg N=0.185$	0.640
	0.1	$\lg S+0.078\lg N=0.262$	0.758
	0.5	$\lg S+0.106\lg N=0.454$	0.996

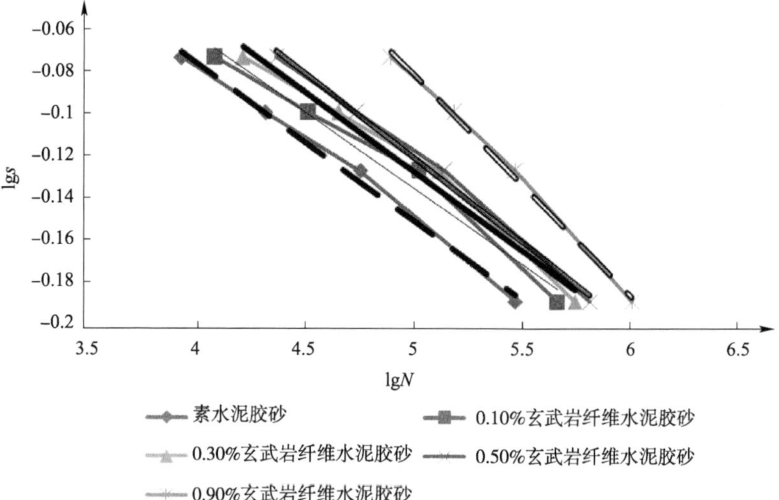

图 7-6 失效概率 50% 条件下的水泥胶砂拟合疲劳 $\lg N$—$\lg S$ 曲线

从表 7-8 失效概率下的疲劳寿命及表 7-7 疲劳方程线性拟合结果来看，失效概率对 0.50% 和 0.90% 两种掺量的玄武岩纤维水泥胶砂影响较大，原因在于试验得出该材料的疲劳寿命波动较大，导致疲劳寿命的可信度显著降低。除纤维含量 0.90% 的玄武岩纤维水泥胶砂外，各失效概率下各种水泥胶砂的疲劳拟合曲线方程相关系数均接近1,表明线性相关性好。因此,可建立失效概率50%条件下的水泥胶砂双对数疲劳方程。

4)疲劳方程参数比较

疲劳试验结果证明玄武岩纤维可显著提高水泥胶砂疲劳性能,但超过一定体积率后,疲劳寿命的增长趋势会出现不稳定影响,导致可信疲劳寿命值下降。不同失效概率下,若拟合疲劳方程线性相关系数 R^2 均接近于1,则疲劳方程参数 a 较 b 变化大。由于玄武岩纤维增加了疲劳寿命的变异性,其疲劳方程在不同失效概率条件下参数 a 的变化较素水泥胶砂高。

对于不同失效概率条件下纤维水泥胶砂,拟合相关系数较高的玄武岩纤维体积掺量为0.10%~0.50%,与素水泥胶砂相比,疲劳方程参数 b 并没有显著变化,说明在高低应力比条件下玄武岩纤维对混凝土的疲劳特性呈现同步增强效用。

7.5.3 水泥胶砂疲劳韧度指标

1)混凝土疲劳破坏机理

混凝土材料成形之初是固、液、气三相典型非均匀的混合体,硬化过程中伴随收缩及温湿作用的不均匀变形,形成了大量微裂纹和宏观缺损。在循环荷载作用下,微裂纹不断从混凝土浅层表面沿砂浆向内部扩展,同时与宏观缺损逐渐贯通聚合,混凝土此时处于亚临界扩展状态,直至主裂缝两侧出现应力松弛,迅速向前延伸,形成失稳扩展,试件断裂。

2)水泥胶砂疲劳损伤演化

无论单调加载还是循环加载,试件断裂过程中都要发生变形而吸收一些能量,试件在断裂前的瞬间,总应变为 ε_{ft}。完全断裂后,应力降低到零,应变降低到断裂后的塑性应变 ε_p,而弹性应变 ε_e 因试件断裂而得到恢复,塑性应变 ε_p 和弹性应变 ε_e 存在如下关系:

$$\varepsilon_e + \varepsilon_p = \varepsilon_{ft} \tag{7-25}$$

对于循环荷载,材料并非对每次循环的响应都是不变的。随着循环次数的增加,试件的累积塑性变形增加,最终形成断裂。

在荷载作用下,系统机械能不断向热能形式进行转移,材料内部微裂纹与缺损从形成、稳定扩展至失稳扩展引起断裂。从本质上说,微裂纹与缺损是离散的,作为一种简单近似将其连续化,引入了损伤变量以表征其微缺陷的发展过程。定义损伤变量的方法有多种,对于混凝土材料高周(疲劳寿命 $>10^4$ 次)疲劳损伤,塑性应变 ε_p 有一定发展,而损伤演化率与累积塑性应变率呈线性关系,从热力学理论推导损伤变量 D 为:

$$D = D_c \frac{\varepsilon_p - \varepsilon_{p0}}{\varepsilon_{pc} - \varepsilon_{p0}} \tag{7-26}$$

式中:D——损伤变量;

D_c——破坏临界损伤值,取 1;

ε_p——塑性应变;

ε_{p0}——塑性应变门槛值;

ε_{pc}——破坏临界应变。

对疲劳损伤演化的研究,人们主要根据材料特性选择适合的损伤模型。对于混凝土材料,可采用余寿文、冯西桥、李灏等提出的 Chaboche 疲劳损伤模型的简化形式:

$$\frac{\delta D}{\delta N} = (1-D)^{-r}\left[\frac{\Delta\sigma}{2B(1-D)}\right]^{\beta} \tag{7-27}$$

式中:B、γ、β——与温度相关的材料参数。

B 同时依赖于平均应力,$B = B(\bar{\sigma})$。移项积分得:

$$\int_0^D (1-D)^{\gamma+\beta} \mathrm{d}D = \int_0^N \left[\frac{\Delta\sigma}{2B}\right]^{\beta} \mathrm{d}N \tag{7-28}$$

$$\frac{1-(1-D)^{\beta+\gamma+1}}{\beta+\gamma+1} = \left(\frac{\Delta\sigma}{2B}\right) N \tag{7-29}$$

令 $D=1$,则 $N=N_f$,并与等式(3-26)相约,可得:

$$D(N) = 1 - \left(1 - \frac{N}{N_f}\right)^{\frac{1}{\beta+\gamma+1}} \tag{7-30}$$

因而,同时可以将疲劳损伤看成是循环比 N/N_f 的趋势函数。

在材料疲劳损伤演化过程中，韧性材料理想挠度变化趋势如图 7-7 所示。

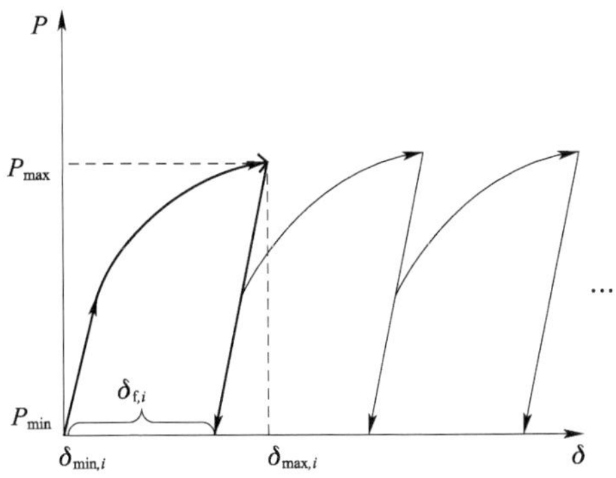

图 7-7　等应力幅循环荷载作用下韧性材料的理想挠度变化趋势

图 7-7 中，$\delta_{f,i}$即可解释为单次循环作用下的不可恢复挠度，加载—卸载曲线包络的曲线面积即迟滞能量。迟滞能量很好地反映了材料的韧性特征，是评价材料韧性的最佳指标。然而对于(准)脆性材料，直接测量加载—卸载曲线几乎是不可靠，也难以办到的。迟滞能量是塑性应变产生的，对于对称循环荷载，塑性应变即迟滞回线的宽度，迟滞能量是塑性应变的函数。

塑性应变累积的过程是能量耗散的过程，塑性应变累积越快，表明自身变形所吸收的能量占总耗散能量的比例升高，加速了材料内部结构的破坏。因而，可考虑用损伤变量 D 的演化速率，来表征材料抵抗动荷载破坏作用的能力。

3)水泥胶砂弯曲疲劳韧度评价

试验测得了各组水泥胶砂的在高低应力比($S=0.85$、0.65)下某些离散点处的塑性应变，通过公式(7-24)计算其损伤变量值，绘制于图 7-8 与图 7-9 中。

从图 7-8 与图 7-9 对比看出，高应力情况下水泥胶砂的疲劳损伤演化率要明显高于低应力下的情况，原因在于高应力相当于高能量，在短暂时间内耗散这些能量往往造成混凝土微缺陷更深层次的发展而得不到恢复。从高低应力下损伤演化率对比看出，

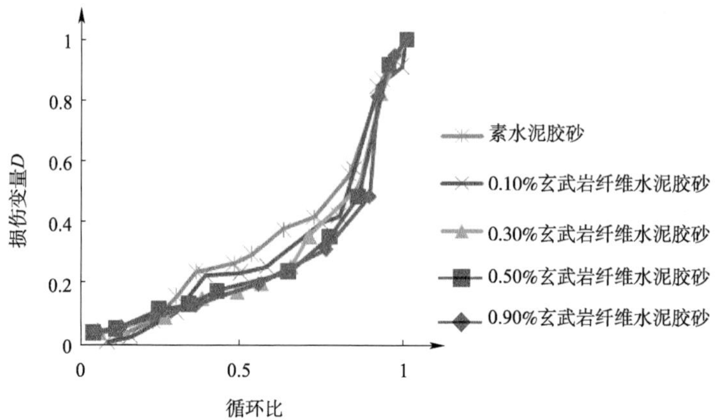

图 7-8 应力比 $S=0.85$ 下水泥胶砂的疲劳损伤演化

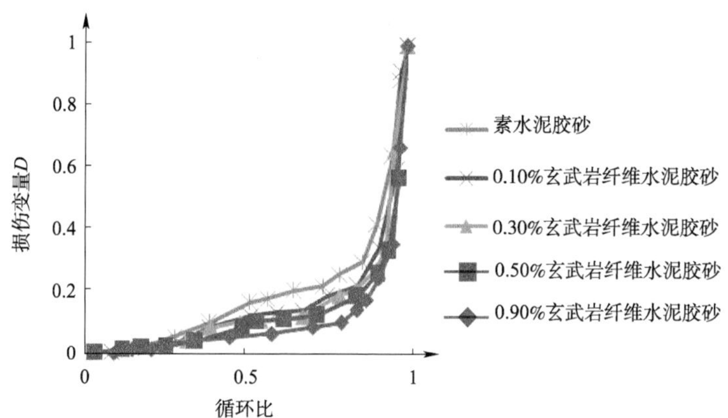

图 7-9 应力比 $S=0.65$ 下水泥胶砂的疲劳损伤演化

素水泥胶砂的疲劳损伤演化率要明显高于玄武岩纤维水泥胶砂,且在循环比早期就易产生相当可观的损伤。对于玄武岩纤维胶砂,随着纤维体积率的升高,疲劳损伤的演化趋于平缓,后期发展较快,原因在于纤维界面剥落,集料结构整体失稳。

损伤演化的这一特征表明玄武岩纤维水泥胶砂能够承受更多的外荷载冲击作用,具有较高的韧性,随着纤维体积率的增加,韧性可得到进一步强化。

7.6 本章小结

通过水泥胶砂韧性评价试验研究,探讨了各种评价方法的适用性,基本确定了玄武岩纤维混凝土韧性评价方法的研究路线。

(1)通过分析水泥胶砂的静态弯曲试验,表明玄武岩纤维体积率需要达到0.90%以上,才能显现充分的延性特征,开裂后仍保持较高的强度水平。

(2)比较国内外典型的混凝土韧性评价标准,玄武岩纤维水泥胶砂的试验结果表明其并不适用这些标准,原因在于其不具有明显的裂后力学特征,难以满足评价标准对挠度的要求。

(3)通过疲劳试验,研究了不同体积率玄武岩纤维水泥胶砂的疲劳性能,拟合了各水泥胶砂的疲劳方程,并得出纤维体积率越高,水泥泥胶砂的疲劳寿命越高,但疲劳寿命变异性同时增高的结论。

(4)由疲劳韧性出发,探讨了评价玄武岩纤维胶砂韧性的方法,推断并试验验证了疲劳损伤演化率可以用于混凝土的韧性特性评价。

8 玄武岩纤维水泥混凝土路面施工与经济性分析

室内试验研究表明，玄武岩纤维混凝土表现出品质好、性能高、易于施工等优点，可在一定程度上取代钢筋混凝土，减薄道面厚度、加大缩缝间距、降低工程维修费用以及延长使用寿命。本章结合张石高速公路石家庄出入口收费广场水泥混凝土路面工程，研究并总结了玄武岩纤维混凝土的施工技术与质量控制，以推广玄武岩纤维在水泥混凝土路面工程中的应用。

8.1 项目概况

停车收费站广场位于石家庄市以北、正定县以西，该区四季寒暑分明，雨量集中，干湿期明显，冬季有降雪。广场设计采用水泥钢筋混凝土路面，板厚28cm。为适应重载、超载车辆比例大的现状，决定采用在混凝土中掺入高性能玄武岩纤维的方法，以提高混凝土路面的使用品质及耐久性能。

8.2 施工配合比

目前我国尚未将柔性纤维混凝土设计方法纳入规范当中，纤维混凝土配合比也无相关标准参考，主要原因是纤维种类繁多，生产工艺也不尽相同，造成纤维产品性能参差不齐，难以施行统一的设计标准。

但从增强机理和室内试验结果分析来看，在分散性好的前提下，纤维对混凝土承载力和耐久性要求的提升效果是毋庸置疑的。配合比设计时以保险起见,不改变掺入纤维前混凝土的配合比(即素混凝土已达到路面板设计抗弯拉强度),在混凝土生产过程中重点需解决纤维混凝土的工作性与纤维分散性两方面问题:前者以适当增加外加剂用量达到要求;后者主要依靠适当延长搅拌时间尽量实现纤维的分散性。

根据设计和甲方要求,项目水泥混凝土路面采用了商品混凝土,设计弯拉强度指标 5.0MPa,素混凝土配合比由商品混凝土生产厂提供。关于纤维掺量的确定,根据增强理论,掺量越大,增强效果愈明显。但从实际情况来看,纤维增多会引入部分空气,并导致混凝土干稠,难以拌和和浇筑,反而有损混凝土的性能。确定纤维合适掺量仍需通过试验的方法,依据经验选择几种纤维掺量,按照规范要求成形试件,到达养护龄期后测试 28d 抗折强度。由于合同工期的限制,现场施工单位并没有进行混凝土最佳玄武岩纤维掺量试验的工作,从室内玄武岩纤维增强混凝土试验结果 0.10% ~0.30% 的合适体积率中选择了较大值 0.25% 进行配比,商品混凝土生产厂技术人员根据生产经验进行配合比设计,并根据实际施工情况对配合比作出相应的调整,设计施工配合比结果如表 8-1 所示。

纤维商品混凝土配合比(单位:kg/m^3)　　表 8-1

水	水泥	粉煤灰	矿粉	砂	石子	减水剂	纤维
160	300	30	70	620	1240	50	6.75

原材料分别为:鼎鑫 P.O.42.5 水泥,28d 抗压强度 50.3MPa;上安 F1 级粉煤灰;众鑫 S95 矿粉;正定天然中砂,细度模数 2.8,含泥量 2.3%;鹿泉天然碎石,最大公称粒径 20mm,连续级配;高效萘系泵送剂。配比试验时与空白混凝土的强度进行了对比,结果如图 8-1 所示。

不掺纤维(减水剂用量为胶凝材料质量的 1%)与掺 0.25% 体积率玄武岩纤维(减水剂用量为胶凝材料质量的 4%)的混凝土 28d 抗折强度分别为 6.41MPa,6.62MPa,且初、终凝时间满足施工要求,可进行生产。

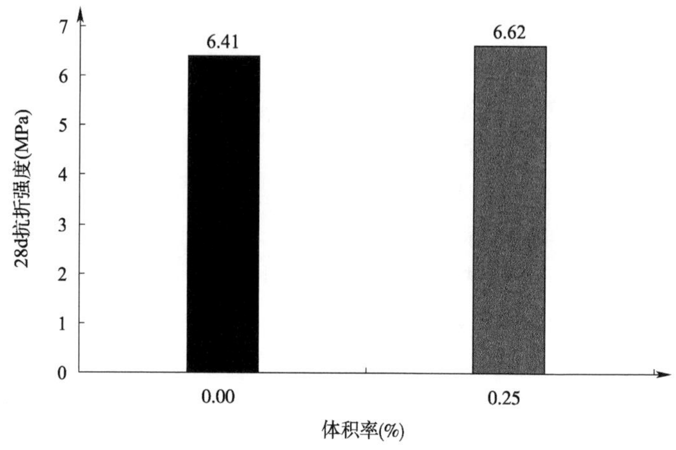

图 8-1 玄武岩纤维混凝土配合比验证

8.3 玄武岩纤维混凝土的施工

已有工程经验表明,纤维混凝土的施工与普通混凝土有较大的差异,各种纤维混凝土的组成材料不同,它们的施工工艺也各不相同。因此,在玄武岩纤维混凝土的施工过程中,应当针对玄武岩纤维与纤维混凝土的特点,采取不同的施工工艺,才能确保施工质量,达到工程设计的要求。

8.3.1 玄武岩纤维特点

纯天然的玄武岩纤维颜色似金色,材质柔韧,外观呈光滑的圆柱体;密度较高,达到 2.65 ~3.00g/cm^3,硬度很高(莫氏硬度 5 ~9 度),具有优异的耐磨、抗拉性能;良好的化学稳定性,其主要成分为 K_2O、MgO 和 TiO_2 等,对提高纤维耐化学腐蚀及防水性能极为有利,它与玻璃纤维的化学稳定性相比更显优势,特别是在碱性和酸性介质中更加明显。玄武岩纤维在饱和的 $Ca(OH)_2$ 溶液和水泥等碱性介质中还能保持更高的抗碱液腐蚀性能,这也决定了玄武岩纤维在混凝土应用领域大有作为；工作温度一般为 -269 ~ +700℃（软化点为960℃），即使在70℃热水作用下也能够保持较高的强度。

8.3.2 玄武岩纤维混凝土的施工要求

鉴于玄武岩纤维的化学稳定性，对基体的要求和普通混凝土相同，一般达到强度满足要求、密实度高即可。在保证强度与施工进度情况下，可以选择低碱水泥。其他方面的性能指标，水泥、集料、水、外加剂均需符合国家标准。

(1)多数研究表明，低掺量柔性纤维对混凝土强度的增强作用并不明显（一般情况下抗折强度增加不超过20%），对复合材料的抗压强度反而有所削弱，纤维对混凝土的性能改善主要体现在早期裂缝的控制上。所以，甲方指定抗折强度指标5.0MPa为素混凝土（即不掺加纤维）的强度设计指标。

(2)试验研究表明，纤维掺量过大会造成纤维混凝土干稠，难以拌和，施工性差；另一方面也会增加纤维混凝土孔隙率，内部缺陷随之增多，直接影响混凝土强度。所以，必须在保证一定经济效益与材料性能提升幅度的前提下，控制纤维掺量，以方便道路用纤维混凝土的正常施工。本工程项目应甲方要求，采用商品混凝土进行大批量生产，由运输罐车运送至施工现场，需要考虑运输条件（运送距离、路况、车况等）对坍落度的损失，必须在项目实施时，检测现场混凝土的坍落度来进行控制。

(3)鉴于玄武岩纤维的增稠作用，需要考察其对材料传运管道的输入输出是否存在堵塞影响；另外，由于减水剂用量偏大，应实地检验混凝土是否出现离析，初、终凝时间是否满足施工要求。

(4)玄武岩纤维的分散性仍是混凝土质量现场检验不可或缺的重要内容，结团、分层、缠绕都会给混凝土带来不利影响。

8.3.3 玄武岩纤维商品水泥混凝土生产与运输

张石高速公路石家庄北出入口收费站广场的道路面板采用

河北省正定县燕赵商品混凝土搅拌站生产的混凝土。收费广场长93.7m、宽81.3m、面积7615m^2，水泥混凝土道面板厚28cm，预计混凝土用量2400m^3。

玄武岩纤维不同于钢纤维，属于软质韧性纤维，其掺量较低，且自身力学方面存在的优势决定其可以直接掺入混凝土拌和料中进行搅拌。总的来说，玄武岩纤维混凝土的施工，在搅拌、运输、浇筑和养护等方面大都与普通混凝土相同或相类似，但需要在一些具体操作的细节上格外考虑。

1）玄武岩纤维商品混凝土的生产

本项目采用浙江东阳石金玄武岩纤维有限公司生产的玄武岩纤维，玄武岩出厂前，按照商品混凝土搅拌站的制作工艺和生产能力，搅拌2m^3/盘，纤维按2m^3水泥混凝土用量一次打包（13.5kg），以方便投放。

商品混凝土的质量除强度满足要求以外，主要体现在工作性的控制上，即坍落度需满足施工方式的要求。根据混凝土施工技术人员的验证，必须控制现场混凝土的坍落度为12～16cm为宜，玄武岩纤维混凝土的施工坍落度也控制在该范围内。商品混凝土依此进行生产性试验配比，试验坍度落为18cm，考虑混凝土运送过程中坍落度的损失，该生产性试验配比符合要求（后由现场检测通过）。

纤维商品混凝土的生产过程：各组分的投放顺序为胶凝材料→水、外加剂→砂、纤维→石子。玄武岩纤维由专人在材料传送带旁投放，由于材料传送速度较快，纤维可能随砂或石子一同送至搅拌机器内，但对混凝土质量影响不大。投放各材料时，搅拌室不停止工作，待砂进入进料仓以后，封闭集料仓口，搅拌室对砂浆进行搅拌5～10s后再进行投放石子，纤维混凝土的搅拌时间设定为60s（普通混凝土约为25s），以保证纤维的分散均匀性。材料分盘传送，每盘搅拌完毕后，将材料装入罐车，罐筒保持运转，转动速率与普通混凝土相同，直至施工现场卸载完毕。生产过程如图8-2～图8-4所示。

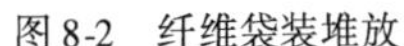

图 8-2　纤维袋装堆放

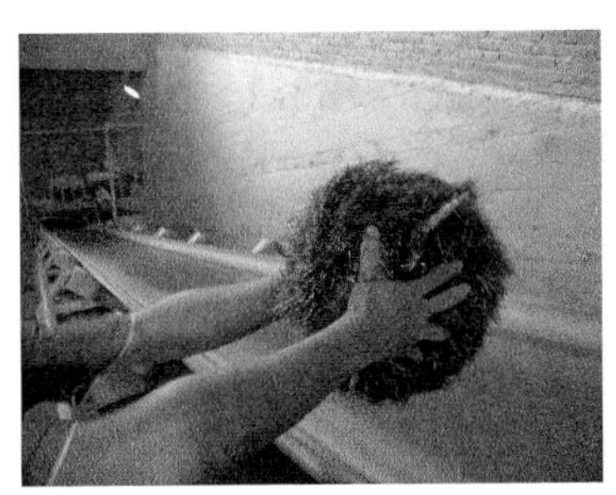

图 8-3　纤维由专人投递

2）玄武岩纤维商品混凝土的运输

商品混凝土主要由罐车从生产地运送至施工现场，每辆罐车运量 $12m^3$。该收费广场路面板浇筑现场距商品混凝土生产地大约为 20min 车程，运输是否畅通是关键要求，以减少混凝土坍落度的损失，从而保证商品混凝土的质量。

经实地调查，沿线交通状况及路况良好，适于商品混凝土运输。罐车到达施工现场后，按照施工人员指挥，在指定施工地点停车（罐筒继续工作），准备卸放玄武岩纤维混凝土。罐车驾驶员与现场施工人员紧密配合，保证材料卸放及时、到位。商品混凝土生产厂应根据现场施工人员的作业速度，保证生产、运送的连续性，不可出现长时间待料或无法卸料等状况。

该环节应注重合理安排，商品混凝土生产人员、罐车驾驶员与现场施工人员应相互协作，保证材料从搅拌室出口到现场卸放的顺畅。运输过程如图 8-5 ~ 图 8-7 所示。

图 8-4　商品纤维混凝土的生产

图 8-5　纤维混凝土装入运送罐车

图 8-6　罐车驶离商品混凝土搅拌站

图 8-7　罐车于施工现场卸料

8.3.4　玄武岩纤维混凝土的现场施工

1)施工前准备

纤维混凝土运抵至现场之前,施工人员应就路面板的浇筑做好准备工作,以加快路面施工速度,赶在混凝土初凝前完成大部分工序,做到井然有序,忙而不乱。根据现场施工的实际情况,总结出必须做好以下准备工作:

(1)修建临时道路,专派指挥人员设置路标及防护措施,施工材料与器械准备充分,堆置有序。

(2)基层验收,除强度刚度稳定性验收外,基层高程、宽度、路拱、坡度及平整度等方面也符合要求方可施工,基层各质量检验项目及其标准符合基层施工规范要求。

(3)将基层表面杂物清除干净,洒水保持潮湿以免混凝土底部水分散失过快,同时加强养护,控制行车。

(4)施工放样,根据设计图纸恢复路中心线及路面边线,布设路面板胀缝施工工控制点,并在路边设置相应的边桩,引入临时水准点,以便复核路面高程。

(5)模板施工首先应确保支模牢固稳定、支承位置正确,侧向模板垂直且不弯曲,砂浆密封以确保不漏浆;

(6)钢筋铺设严格按照图纸进行,绑扎结实,不得有变形松动,钢筋网应采用稳定支撑固定至面板厚下 1/3 处;拉杆就位、传力杆准备待安放,如图 8-8 所示。

准备工作完毕,纤维混凝土运输罐车卸放材料时,施工技术人员应密切关注纤维混凝土材料质量(图 8-9),主要包括混凝土材料的颜色正常与否、流动和易性、是否离析、是否明显泌水、纤维分散情况等方面,可针对实际情况做相应坍落度检测(现场实测纤维混凝土的坍落度约为 16cm),并取样做强度检验。

图 8-8 施工前模板的支护、钢筋网的铺设、传力杆拉杆的布置

图 8-9 玄武岩纤维混凝土(现场)

2)试验段铺筑

(1)浇筑

因为纤维混凝土比普通混凝土黏稠,其施工过程往往比普通混凝土困难,如图 8-10 所示。浇捣时,应特别注重纤维混凝土的密实性,操作时注意以下几点:

①振捣器拔出时速度要慢,以免产生空洞;振动棒插点应均匀有序,插点间距宜为 500mm 左右,每点振捣时间宜为 5 ~ 15s,以混凝土面不再下降,表面出现浮浆为准。

②振动时应把握尺度,防止漏振和过振,以彻底捣实混凝土,但时间不能太久,以至造成离析。不允许在模板内利用振捣器使混凝土长距离流动式运送混凝土。

③使用插入式振捣器应避免碰撞模板、钢筋及预埋件等,不得直接通过钢筋施加振动。模板角落以及振捣器不能达到的地方,应辅以插钎插捣,以保证混凝土表面平滑和密实。

④浇捣过程中,应密切注意模板变形及漏浆,有发生现象应

立即纠正,混凝土捣实后24h之内,不得受到二次振动。

⑤收浆是玄武岩纤维混凝土很关键的施工工艺。在施工过程中,应根据当时天气的冷热状况、风力大小等具体情况进行收浆,收浆过早或过晚,都有可能影响平整度或出现早期裂缝等。

⑥混凝土达到一定强度后,才能拆除模板。模板拆卸后,铲净钢模表面,涂钢模油后,再进行下次模板安装。

a) b) c) d)

图8-10　纤维混凝土的浇筑

(2)混凝土路面的抹面

吸水完成后立即用抹光机抹光。边角等局部抹光机打磨不到之处可用微型手动抹光器抹光,将凸出石子或不光之处抹平。此外,玄武岩纤维混凝土中纤维与基体的黏结是其发挥作用的根本,所以需特别关注纤维与混凝土的结合状态。表面抹平时,应尽量避免纤维在混凝土中表面的自由分散,不允许纤维部分倒插而部分暴露在空气当中的情况,影响美观及平整性。

最后用靠尺板检查路面平整度，符合要求后，用铁抹子人工抹光。最后一次抹面应在刚初凝时，并在终凝前完成，目的是将表面裂纹全部消除。图 8-11 和图 8-12 所示分别为粗抹面及细抹面。

图 8-11　粗抹面

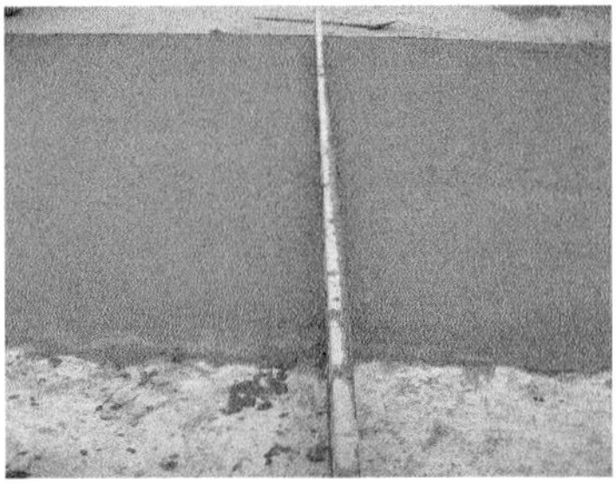

图 8-12　细抹面

（3）路面压槽

抹面完成后进行表面横向纹理处理。压槽时，应掌握好混凝土表面的干湿度，现场检查可用手试摁。在两侧模板上搁置一根槽钢，槽钢平面朝下，凹面朝上，提供压纹机过往轨道。

（4）养护

压槽完成后设置围挡，以防人踩、车碾破坏路面。在终凝后，立即用塑料薄膜覆盖养护（图 8-13）。纤维混凝土洒水养护的时间不得少于 14d，施工放样后，也必须立即浇水并覆盖养护。洒水次数应能保持混凝土始终处于湿润状态，并做好混凝土养护记录。浇筑混凝土时，按部位和浇筑日期制作与构件同条件养护的混凝土试块，为构件底模板拆除时间提供试验依据。

图 8-13　纤维混凝土盖膜保湿养护

（5）水泥混凝土路面的切缝

横向缩缝切割：横向施工缝采用锯缝，缝深6cm、宽5mm。切割时必须保持有充足的注水，在进行中要观察刀片注水情况。

(6)接缝处灌缝料施工

在锯缝处浇灌聚氯乙烯胶泥。灌缝前，应清除缝内的临时密堵材料，缝顶面高度与路面平齐。

8.4 玄武岩纤维水泥混凝土经济性分析

8.4.1 玄武岩纤维混凝土疲劳特性与寿命预测

1)纤维疲劳增韧效应

疲劳破坏是指材料在低于极限荷载的交变应力的反复作用下发生的破坏，应力幅越大，应力循环次数越多，就越容易发生疲劳破坏。混凝土材料中凝胶成分复杂的网状结构不利于材料里形成晶体位错及由此而导致的滑移，此外混凝土成形时内部常存在微孔隙、微裂纹，在疲劳荷载作用下，材料原有缺陷发展的同时又出现新微裂纹，进一步扩展为宏观裂纹失稳破坏。疲劳破坏过程包括裂纹形成、裂纹扩展和失稳破坏三个阶段。由于柔性纤维增强体参与受力，在其长度方向受拉分载，提高了混凝土基体受力的均匀性与整体性，延缓了裂纹的形成，并使之趋分散化。在裂纹形成后，纤维—基体界面黏结强度开始发挥作用，柔性纤维长度方向上的弹性变形不断束缚了裂纹宽度的扩展，并使之趋于愈合。因此，在同一应力幅作用下，需要更多的作用次数，纤维复合混凝土材料构件方达到破坏。从能量角度来论，疲劳作用过程中，纤维—基体界面的滑移行为增加了能量的耗散作用，显著提高了刚性材料的弯曲韧性与断裂韧性，可以预测纤维混凝土将获得更长的疲劳寿命。

2)疲劳试验结果

分析选取路用性能试验中空白混凝土和0.1%体积率玄武岩纤维混凝土两种材料的疲劳试验结果，如表8-2所示。

混凝土小梁弯曲疲劳试验结果　　表 8-2

试件类型	最大极限弯拉应力（MPa）	应力幅值	平均疲劳次数（$\times10^4$）	备注
空白混凝土	5.64	0.60	13.25	
		0.70	1.03	
		0.80	0.19	
		0.90	0.05	
玄武岩纤维混凝土（0.1%体积率）	5.80	0.60	250	未破坏
		0.70	49.31	
		0.80	5.79	
		0.90	0.42	

8.4.2 混凝土疲劳方程

由以上分析得出，柔性纤维对混凝土弯拉强度的贡献作用远不及弯曲疲劳强度。为量化空白混凝土与柔性纤维混凝土的疲劳性能，分别进行疲劳方程拟合。考虑低应力变化影响，引入低应力与高应力之比系数 R，采用下述形式的疲劳方程：

$$\lg S = a - b(1 - R)\lg N \tag{8-1}$$

R 为高低应力比 $R = \sigma_{min}/\sigma_{max}$，进一步变换，将应力移向方程左边，即

$$\lg \frac{S(1 - R)}{1 - SR} = \lg a - b\lg N \tag{8-2}$$

拟合曲线如图 8-14 所示。

从数据拟合结果来看，空白混凝土与纤维混凝土均有良好的线性相关关系，空白混凝土疲劳方程为：

$$\lg \frac{S(1 - R)}{1 - SR} = 0.168 - 0.083\lg N \tag{8-3}$$

其中线性相关系数 $R^2 = 0.993$。玄武岩纤维混凝土的疲劳方程为：

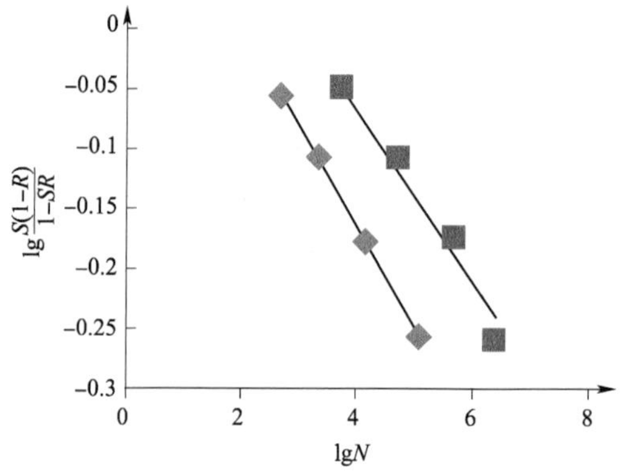

图 8-14　应力疲劳寿命数据拟合

$$\lg\frac{S(1-R)}{1-SR}=0.221-0.072\lg N \tag{8-4}$$

其中线性相关系数 $R^2=0.969$。

从试验结果可以看出,柔性纤维混凝土的回归参数 b 的绝对值减小了 28%,降低了混凝土对应力变化的敏感程度。通过疲劳方程分析得出,玄武岩纤维混凝土的理论疲劳强度将提高,在同等应力水平作用下,玄武岩纤维混凝土的疲劳寿命比空白混凝土高很多。

8.4.3　荷载应力疲劳系数

在式(8-4)中,取温度应力 σ_t 为低应力 σ_{min},高应力 σ_{max} 为荷载与温度的综合应力 $\sigma_t+\sigma_p$,代入变为:

$$\lg\left(\frac{\sigma_p}{f_r-\sigma_t}\right)=\lg a-b\lg N \tag{8-5}$$

进一步变换为:

$$\frac{N_e^b}{a}\sigma_p+\sigma_t=f_r \tag{8-6}$$

定义荷载应力疲劳系数:

$$k_{\mathrm{f}}=\frac{1}{a}N_{\mathrm{e}}^{b} \tag{8-7}$$

8.4.4 路面设计典型案例

1)普通混凝土路面设计

公路自然区划拟新建一条二级公路,路基为黏质土,路面宽度9m,设计车道使用初期标准轴日作用次数为2100,设计采用水泥混凝土材料铺筑面层。

(1)交通分析

二级公路设计基准期为20年,安全等级为三级。取临界荷位处的车辆轮迹横向分布系数为0.39,交通量年平均增长率为5.0%。设计基准期内设计车道标准荷载累计作用次数为:

$$N_{\mathrm{e}}=\frac{2100\times[(1+0.05)^{20}-1]\times365}{0.05}\times0.39=9.885\times10^{6} \tag{8-8}$$

(2)初拟路面结构

安全等级三级的变异水平等级为中级。根据二级公路、重交通等级和中级变异水平等级,初拟普通混凝土面层厚度为0.24m,基层选用0.18m厚水泥稳定粒料(水泥用量5%),垫层用0.15m厚低剂量无机结合料稳定土。普通混凝土板的平面尺寸为4.5m×5.0m。纵缝设拉杆平缝,横缝设传力杆假缝。

(3)基层顶面当量回弹模量

路基回弹模量取30MPa,则按《公路水泥混凝土路面设计规范》(JTG D40—2002)方法计算得基层顶面当量回弹模量为165MPa。

(4)荷载疲劳应力

取普通混凝土面层的弯拉强度标准值为5.0MPa,对应弯拉弹性模量标准值为31GPa,普通混凝土面层的相对刚度半径r:

$$r=0.537\times0.23\times\sqrt[3]{\frac{31000}{165}}=0.707 \tag{8-9}$$

标准轴载在临界位处产生的荷载应力 σ_{ps} 为：

$$\sigma_{ps}=0.077r^{0.6}h^{-2}=0.077\times0.707^{0.6}\times0.23^{-2}=1.182 \tag{8-10}$$

拉杆平缝传荷能力的应力折减系数 $K_r=0.87$，设计基准期内荷载应力累计疲劳作用的疲劳应力系数 $K_f=\frac{1}{a}N_e^b=\frac{1}{1.472}(9.885\times10^6)^{0.083}=2.586$。根据公路等级考虑偏载和动载等因素对路面疲劳损坏影响的综合系数 $K_c=1.20$，则荷载疲劳应力 σ_{pf} 为：

$$\sigma_{pf}=K_rK_fK_c\sigma_{ps}=0.87\times2.586\times1.20\times1.182=3.19\text{MPa} \tag{8-11}$$

（5）温度疲劳应力

Ⅱ区最大温度梯度 88℃/m，板长 5m，$l/r=5/0.707=7.07$，查表温度应力系数 $B_x=0.69$，混凝土线膨胀系数 $\alpha_c=1\times10^{-5}$，则最大温度梯度时混凝土板的温度翘曲应力 σ_{tm} 为：

$$\sigma_{tm}=\frac{\alpha_cE_chT_g}{2}B_x=\frac{1}{2}\times1\times10^{-5}\times31000\times0.23\times88\times0.69$$
$$=2.16\text{MPa}$$

温度疲劳应力系数按自然区划取 $a=0.828$，$b=0.041$，$c=1.323$，则温度疲劳应力系数 K_t 为：

$$K_t=\frac{f_r}{\sigma_{tm}}\left[a\left(\frac{\sigma_{tm}}{f_r}\right)^c-b\right]=\frac{5.0}{2.16}\left[0.828\times\left(\frac{2.16}{5.0}\right)^{1.323}-0.041\right]$$
$$=0.536 \tag{8-12}$$

温度疲劳应力 σ_{tr} 为：

$$\sigma_{tr}=K_t\sigma_{tm}=0.536\times2.16=1.16\text{MPa} \tag{8-13}$$

（6）疲劳应力验算

二级公路安全等级为三级，相应于三级安全等级的变异水平等级为中级，目标可靠度为 85%，据此确定可靠度系数 $\gamma_r=1.13$。

$$\gamma_r(\sigma_{pr}+\sigma_{tr}) = 1.13\times(3.19+1.16) = 4.92\leqslant 5.0\text{MPa} \tag{8-14}$$

验算合格，表明普通混凝土层取0.23m厚是合适的。

2）玄武岩纤维增强混凝土路面设计

玄武岩纤维增强混凝土模量考虑适当降低，可取30GPa。按照式（8-17），玄武岩纤维混凝土的疲劳荷载应力系数为：

$$k_f = \frac{1}{a}N_e^b = \frac{1}{1.663}\times(9.885\times10^6)^{0.072} = 1.917 \tag{8-15}$$

玄武岩纤维增强混凝土各种路面厚度下的应力计算结果见表8-3。

各种面层厚度下的计算应力 表8-3

面层厚度（m）	荷载应力（MPa）	荷载疲劳应力（MPa）	温度应力（MPa）	温度疲劳应力（MPa）	综合疲劳应力（MPa）
0.23	1.17	2.35	0.527	1.10	3.46
0.22	1.25	2.50	0.523	1.08	3.57
0.21	1.33	2.67	0.520	1.07	3.73
0.20	1.43	2.86	0.522	1.08	3.93
0.19	1.54	3.07	0.525	1.09	4.17
0.18	1.66	3.31	0.533	1.15	4.45

在可靠度系数$\gamma_r = 1.13$条件下，经验算合格的路面最薄厚度为0.19m，因此玄武岩纤维增强混凝土可显著降低面层的设计厚度。

需要进一步说明的是，由于水泥混凝土路面对重载超载更加具有敏感性，疲劳参数中指数参数b的数值降低，对重载和超载路面的影响更加显著，因此将玄武岩纤维用于重载交通的水泥混凝土路面对路面承载能力的提升效果会更加明显。

8.4.5 路面经济性分析

由路面设计典型案例分析可知，普通混凝土掺入玄武岩纤维后，面层可相应减薄厚度，尽管玄武岩纤维会增加工程投资，但在路面结构设计时考虑玄武岩纤维混凝土的疲劳性能就可抵消部分投资。下面通过上述案例具体探讨玄武岩纤维混凝土的应用经济性。

采用C40商品混凝土，价格350元/m³；玄武岩纤维，价格20000元/t。表8-4列出了几种纤维掺量的玄武岩纤维混凝土单价。

材料单价 表8-4

玄武岩纤维掺量（%）	玄武岩纤维混凝土单价（元/m³）	单价增加率（%）
0.00	350	0
0.10	404	15.43
0.20	458	30.86
0.25	485	38.57
0.30	512	46.29

案例中普通混凝土路面设计厚度为0.23m，分别减薄0.02m、0.04m，则材料使用分别降低8.70%、17.4%。因案例中路面设计采用的玄武岩纤维混凝土疲劳方程是体积率0.10%的情况，只考虑0.10%玄武岩纤维掺量每平方米路面材料费用，如表8-5所示。

每平方米路面材料费用 表8-5

玄武岩纤维掺量（%）	路面厚度	每平方米路面材料费用
0.10	0.23m	80.5
	0.23m	92.92
	0.22m	88.88
	0.21m	84.84
	0.20m	80.8
	0.19m	76.76

材料费用试算表明，减薄0.03m的玄武岩纤维混凝土路面每平方米的材料费用低于不掺纤维的普通混凝土路每平方米材料

费用。考虑纤维掺入后在材料制作与路面摊铺过程中需要增加少量人工费、运输费,因此,普通混凝土路面与考虑减薄 0.03m 和 0.04m 的玄武岩纤维混凝土路面材料费用相当。

根据近期路面材料价格的发展趋势判断,随着水资源的贫乏加剧,混凝土的价格会进一步走高,而玄武岩纤维的价格会因推广普及提高产量,价格会不断降低,因而在不久的将来,玄武岩纤维混凝土在路面材料领域的价格优势会逐步提升。

从项目整体来看,路面减薄在对净高有一定限制的工程(如隧道)是非常有竞争力的;其次玄武岩纤维混凝土可缩短养护时间,在对开放交通需求紧迫的道路工程中也是一种良好的解决方案;再从长远来看,玄武岩纤维混凝土路面具有优良的抗冲击性能,有较长的服务寿命,可降低维护费用。

同时,在政府部门大力倡导绿色环保、科技服务社会等号召下,玄武岩纤维的推广将进一步深化,其价格将突显竞争力,高性能玄武岩纤维在工程材料的舞台上将发挥越来越重要的作用。

8.5 本章小结

结合依托工程的实施,探索了玄武岩纤维增强混凝土应用工艺,比较分析了玄武岩纤维混凝土的经济性。

(1)玄武岩纤维混凝土的均匀性与工作性是拌制、运输与施工过程中最重要的控制因素,它关系到玄武岩纤维混凝土路面铺筑质量。

(2)为保证玄武岩纤维混凝土的质量,在混凝土新拌时应增加拌和功,并严格控制从拌和结束至路面浇筑完毕所经历的时间。在路面铺筑时,玄武岩纤维混凝土需适当增加振捣次数,以充分排出内部空隙,保证密实度。

(3)经分析表明,减薄后的玄武岩纤维混凝土路面与普通混凝土路面具有价格相当的材料费用,但从长远与社会的角度出发,玄武岩纤维混凝土在性能和价格方面更具有竞争力。

9 结论与展望

9.1 研究结论

本书对玄武岩纤维水泥砂浆及混凝土进行室内试验研究,分析了玄武岩纤维增强水泥基复合材料的力学性能与耐久性能,并依托工程的实施,探讨了玄武岩纤维增强混凝土路面的施工工艺,得出了如下结论:

(1)玄武岩纤维由玄武岩矿石经过高温熔化拉丝制作而成,与水泥石材料有着良好的相容性,可改善新拌混凝土的和易性,从而提高复合材料的均匀性和整体性,但纤维体积率不宜过高,纤维掺量过大将影响混凝土拌和物的流动性,同时降低混凝土的密实性。

(2)比较分析了刚性纤维与柔性纤维的增强机理,刚性纤维的主要作用在于增强,而柔性纤维主要表现为阻裂。玄武岩纤维的模量介于刚性纤维和柔性纤维之间,因此其对混凝土的作用效果在两方面均有体现。

(3)玄武岩纤维对水泥砂浆有良好的增强效果,表现在抗裂、抑制干缩、强度提高等方面。在增强水泥砂浆的表面塑性抗裂方面,玄武岩纤维的性能稍逊于聚丙烯纤维;在水泥砂浆的强度增强和抑制干缩方面,玄武岩纤维均优于聚丙烯纤维,尤其对水泥砂浆的早期强度的形成有显著作用,对水泥砂浆后期强度也有一定影响。影响玄武岩纤维增强水泥砂浆性能的两大主导因素中,体积率为主要方面,长径比为次要方面,18mm 长玄武岩纤维增强整体水平高,且变异性小。

(4)室内采用多因素多水平的正交试验分析方法,得出了影响纤维混凝土性能的主要参数,在混凝土性能指标分析的基础上建立了玄武岩纤维水泥混凝土的配合比设计流程。

(5)通过室内玄武岩纤维水泥混凝土的路用性能试验,综合评价了纤维掺量等参数对纤维混凝土干缩性能、强度性能、耐久性能、冲击性能以及疲劳性能的影响,并与聚丙烯纤维的增强效果进行了比较。研究表明,玄武岩纤维可抑制混凝土干缩超过10%,早期的作用更为显著;玄武岩纤维对水泥混凝土的抗折强度有一定提升作用,对抗压强度的增强效果不显著,甚至有一定的削弱作用,但较聚丙烯纤维混凝土性能优异;玄武岩纤维对混凝土抗冻性能有明显的提高,对混凝土的抗渗性能有一定影响,但纤维水泥混凝土的抗渗级别并未发生变化;玄武岩纤维混凝土的“增韧”效应显著,抗冲击试验与疲劳试验表明其抵抗动荷载作用的能力是未添加纤维水泥混凝土的数倍乃至十几倍。

(6)掺入玄武岩纤维可在一定程度上降低混凝土的弹性模量,使之趋于柔性化。通过力学分析证明,玄武岩纤维混凝土能改善面层受力情况。此外,影响玄武岩纤维混凝土面层层底、基层层底最大荷载应力与最大挠度的主要因素是土基模量,路基处理确保压实特性仍是道路施工控制的重点。

(7)通过室内静态弯曲试验和疲劳试验,从静态和动态两个方面研究了水泥混凝土的韧性评价指标。静态试验结果表明玄武岩纤维体积率需要达到0.90%以上,纤维水泥胶砂才能显现充分的延性特征,现有评价标准难以应用;动态疲劳试验研究了不同体积率玄武岩纤维水泥胶砂的疲劳性能,得到了不同纤维掺量水泥胶砂的疲劳方程,据此提出并推导验证了可用疲劳损伤演化率来评价玄武岩纤维混凝土的韧性。

(8)通过试验依托工程总结了玄武岩纤维混凝土路面的施工技术要点,主要在于控制纤维掺入混凝土后工作性与密实度的变化。玄武岩纤维混凝土拌制前,需要提高考虑运输与路面浇筑时间的影响,调整配合比以满足施工工作性的要求。玄武岩纤维混凝土路面浇筑时,应适当提高振捣功,以保证混凝土的密实度。

(9)玄武岩纤维没有显著改善混凝土脆性破坏的特征,其韧性特征不适宜用各国推荐的准静态韧性评价方法。但玄武岩纤维混凝土具有优异的疲劳性能,通过算例表明,玄武岩纤维的掺入可减小混凝土面板设计厚度,在提高路面使用性能的同时,延长路面使用寿命,具有综合的社会经济效益。

9.2 展望

通过对玄武岩纤维混凝土这一新型混凝土的室内性能试验研究与应用技术探讨,结果表明,玄武岩纤维混凝土具有良好的力学强度性能与耐久性能,在路面材料领域具有广阔的应用前景。通过研究,以下几个方面还有待深入开展:

(1)玄武岩纤维增强水泥砂浆和水泥混凝土的微观机理分析与有限元模拟研究。

(2)通过大量数据样本来消除玄武岩纤维水泥混凝土疲劳试验中的参数误差,建立可推广应用的疲劳方程,并进一步探讨玄武岩纤维韧性指标体系的建立方法,并与路面结构设计有机结合。

参考文献

[1] 中华人民共和国行业标准 JTG F30—2002 公路水泥混凝土路面设计规范[S].北京:人民交通出版社,2003.

[2] 中华人民共和国行业标准 JTG F30—2003 公路水泥混凝土路面施工技术规范[S].北京:人民交通出版社,2003.

[3] 谢广慧.水泥混凝土路面施工及新技术[M].北京:人民交通出版社,2000.

[4] 严少华. 高强钢纤维混凝土抗侵彻理论与试验研究[D]. 南京: 解放军理工大学, 2001.

[5] Yining Ding, Wolfgang Kusterle. Compressive stress-strain relationship of steel fibre-reinforced concrete at early age[J]. Cement and Concrete Research, 2000, 30(1):1573-1579.

[6] 纪冲. 弹丸侵彻作用下钢纤维混凝土动态响应的计算方法及FE-SPH 法模拟[D]. 南京: 解放军理工大学, 2007.

[7] 李兆霞. 损伤力学及其应用[M]. 北京:科学出版社, 2002.

[8] 焦红娟,刘丽君,史小兴.混杂纤维在喷射混凝土中应用的研究[J].新型建筑材料,2008,10(增刊):118-120.

[9] F Papworth. Design guidelines for the use of fibre reinforced shotcrete in ground support[J]. Shotcrete,2002,(9):16-21.

[10] James E Mark. Polymer Data Handbook[M]. UK, Oxford University Press,1999:784.

[11] Josef Kaufmann, Jorn Lübben, Eugen Schwitter. Mechanical reinforce-ment of concrete with bi-component fibers[J]. Composites:Part A,2007,(38):1975-1984.

[12] V Bindiganavile, N Banthia. Impact response of the fiber-matrix

bond in concrete[J]. Canadian Journal of Civil Engineering, 2005,(32):924-933.

[13] Chuan Mein Wong. Use of short fibres in structural concrete to en-hance mechanical properties[D]. Toowoomba: University of Southern Queensland,2004.

[14] Y Ding, S Liu, Y Zhang, et al. The investigation on the workability of fibre cocktail reinforced self-compacting high performance concrete[J]. Construction and Building Materials,2008, (22):1462-1470.

[15] 王伯昕,黄承逵. 粗合成纤维混凝土抗裂与抗冲击性能试验研究[C]. 第十一届全国纤维混凝土学术会议论文集,大连:大连理工大学出版社,2006:135-141.

[16] Byung Hwan Oh, Ji Cheol Kim, Young Cheol Choi. Fracture behavior of concrete members reinforced with structural synthetic fibers[J]. Engi-neering Fracture Mechanics, 2007, (74): 243-257.

[17] Thomas Voigt, Van K Bui, Surendra P Shah. Drying shrinkage of concrete reinforced with fibers and welded-wire fabric[J]. ACI Materials Journal,2004,101(3):233-241.

[18] H Najm, P Balaguru. Effect of large-diameter polymeric fibers on shrinkage cracking of cement composites[J]. ACI Materials Journal,2002,99(4):345-351.

[19] 毕远志,孔一凡,华渊. 改性聚丙烯(粗)对混凝土增强增韧性能影响的试验研究[J]. 建筑节能,2007,35(12):36-40.

[20] Moncef Nehdi, Jennifer Duquette Ladanchuk. Fiber synergy in fiber-reinforced self-consolidating concrete[J]. ACI Materials Journal,2004,101(6):508-517.

[21] Y Ding, Y Zhang, et al. The investigation on strength and flexuraltoughness of fibre cocktail reinforced self-compacting high performance concrete[J]. Construction and Building Materials,

2009,(23):448-452.

[22] 金剑,刘丽君,史小兴. 凯泰(CTA)改性聚丙烯粗纤维在混凝土中的应用研究[C]. 第十一届全国纤维混凝土学术会议论文集,大连:大连理工大学出版社,2006:411-416.

[23] Matthew J. K Clements, E Stefan Bernard. The use of macro-synthet-ic fiber reinforced shotcrete in Australia[J]. Shotcrete, Fall,2004:20-22.

[24] 何兆益,张政国,王国伟. 路用聚丙烯纤维混凝土的增韧试验及机理研究[J]. 重庆交通大学学报(自然科学版),2008,27(2):240-243.

[25] 邓宗才. 高性能合成纤维混凝土[M]. 北京:科学出版社,2003:96-97.

[26] 李建辉,邓宗才,王璋水. 粗合成纤维混凝土抗氯离子腐蚀性试验研究[C]. 第十一届全国纤维混凝土学术会议论文集,大连:大连理工大学出版社,2006:130-134.

[27] Machine Hsiea, Chijen Tua, P S Song. Mechanical properties of polypropylene hybrid fiber-reinforced concrete[J]. Materials Science and Engineering A,2008,(494):153-157.

[28] Reinforced concrete at low fiber volume fraction[J]. Cement and Concrete Research,2003,(33):27-30.

[29] 史小兴,金剑. 建筑工程纤维应用技术[M]. 北京:化学工业出版社,2008.

[30] Perry Bruce. Synthetic macro-fibre concrete in composite steel deck floor construction [J]. Concrete, 2006, 40,(8):26-29.